中山大学地球科学与工程学院

岩矿古生物教学实习
指导书与图册

ZHONGSHAN DAXUE DIQIU KEXUE YU GONGCHENG XUEYUAN

YANKUANG GUSHENGWU JIAOXUE SHIXI ZHIDAOSHU YU TUCE

王岳军　何晓钟　黄康有　洪　涛
师超凡　沈文杰　丘志力　谢佑才　主编

中国地质大学出版社
ZHONGGUO DIZHI DAXUE CHUBANSHE

图书在版编目（CIP）数据

中山大学地球科学与工程学院岩矿古生物教学实习指导书与图册 / 王岳军等主编 . —武汉：中国地质大学出版社，2023.10
ISBN 978-7-5625-5694-7

Ⅰ.①中… Ⅱ.①王… Ⅲ.①古生物–生物岩石学–高等学校–教学参考资料　Ⅳ.① Q911.2

中国国家版本馆 CIP 数据核字 (2023) 第 208272 号

中山大学地球科学与工程学院岩矿古生物教学实习指导书与图册

王岳军　何晓钟　黄康有　洪　涛　主编
师超凡　沈文杰　丘志力　谢佑才

| 责任编辑：王凤林 | 选题策划：王凤林　张　健 | 责任校对：张咏梅 |

出版发行：中国地质大学出版社（武汉市洪山区鲁磨路 388 号）　　　　　　　　　　　　邮编：430074

电话：（027）67883511　　　　传真：（027）67883580　　　　　　　　E-mail:cbb@cug.edu.cn

经销：全国新华书店　　　　　　　　　　　　　　　　　　　　　　　　　http://cugp.cug.edu.cn

开本：880mm×1230mm　1/16　　　　　　　　　　　　　　　　　　　字数：471 千字　　印张：19

版次：2023 年 10 月第 1 版　　　　　　　　　　　　　　　　　　　　　印次：2023 年 10 月第 1 次印刷

印刷：湖北睿智印务有限公司

ISBN 978-7-5625-5694-7　　　　　　　　　　　　　　　　　　　　　　　　　　　　定价：88.00 元

如有印装质量问题请与印刷厂联系调换

致敬地科百年

地學賦

天地之學，始於遠古。易曰：天行健，君子以自強不息。地勢坤，君子以厚德載物。是其學也。在人在物，助生命繁衍生息。在事在理，助文明昇華興替。

一百年前，孫中山先生創校興學，乃有礦物地質學系，諸前賢致致矻矻，載苦載辛，篳路藍縷，以啟山林。中華地質學科，搖籃奠基。星火燃薪，粵桂川蒙勘油探礦，採集標本，積珍寶博物成館，求真知學術維新。南海西沙遠航科考，開拓視野其格局，高境界樣其梁津，日積月累，辨才育人，漸有豐厚之資質。大方之學者，精良之道器，衍為地球科學與工程學院，辟為三學科：一館、地質學、地球物理學、地質工程學。地質礦物博物館，院士領銜，學科煥然一新。白髮青衿，砥礪南海之濱，海琴鑒舍，薪火傳續從來有道，勘天探地，科學考究深遠無垠。

夫地質學之表裡，神奇美妙，博大豐盈。理論與實踐相得相生，玄思與實物相輔相成。探地球之表裡，考宇宙之運行。仰觀星隕流華，俯察水止沉沙，看海乃知遠古悠悠，明寒武地層之更替，解四紀冰川之演化。看海乃知天育育，測深淺遠近。動力學可測地震將發，蓋人生天地間，恍然一瞬，而地質之學也。遠近悠悠，剖析地理構造，激賞天際煙霞，穿越古今，熱釋光可察物齡長短，通珠寶奇花，動力學可測地震將發，蓋人生天地間，誠經天緯地，淑世毓人之學也。往。亦測無涯。不悖物理。不負年華。其仁智在山在水。其學術

風宿露。不懼爬冰臥雪。關注江河湖海。踐行山川原野。情繫家國社稷。志比岩石銅鐵。務實求真。不捐巨細。叩天問地。雖遠無缺。

五功玉業。鷗肅然歌畏。三歎而歌曰：山巍巍兮水泱泱。道藝精良。風神綽約兮。色貌琳瑯。知今知古今之濱。有美譽堂。人才濟濟。桃李芬芳。君子之情懷謙惕且馥鬱兮。婉如清揚。日居月諸。長祐莘宙。允容允藏。涵蘭樹蕙。

張海鷗撰文於壬寅深秋
中山大學地球科學與工程學院
二零二三年十月

目录

矿物晶体篇 01

多彩矿物 03
镜铁矿 / 立方体蓝萤石 / 辉锑矿 / 白钨矿 / 孔雀石 / 墨晶 / 四方体绿萤石 / 燕尾石膏 / 铁铝石榴石 / 方解石 / 立方体紫萤石 / 金黄色冰洲石 / 蓝文石 / 八面体绿萤石 / 菊石 / 八面体紫萤石 / 雪花石膏（透石膏）/ 球状绿萤石

自然元素类 014
自然铜 / 石墨 / 自然银 / 自然金 / 自然硫 / 黑钨矿 / 白钨矿 / 钒铅矿

硫化物类 020
钙闪锌矿 / 辉钼矿 / 方铅矿 / 毒砂 / 辉铜矿 / 雄黄 / 黄铁矿 / 雌黄 / 黄铜矿 / 磁黄铁矿 / 辉铋矿 / 辉锑矿 / 方铅矿 / 白铁矿 / 硫铁矿 / 辰砂 / 黄铁矿 / 铁闪锌矿

卤化物类 030
绿色萤石 / 紫色萤石 / 紫色立方体萤石 / 紫灰色萤石复晶 / 球状红萤石 / 四方体绿萤石 / 白色多面体萤石 / 绿色萤石 / 萤石晶簇

硅酸盐类 035
蓝晶石 / 铁铝石榴石 / 白云母 / 黑云母 / 天河石 / 青金石 / 葡萄石 / 钾长石 / 十字石 / 长石 / 沸石 / 钾长石 / 锂辉石 / 电气石 / 拉长石 / 绿柱石 / 锂蓝闪石 / 铁锂云母 / 霞长石 / 阳起石

碳酸盐类 047
黄色方解石 / 微晶方解石 / 硫金方解石 / 白文石 / 冰洲石 / 金色方解石 / 菱锌矿 / 白云石 / 黄色冰洲石 / 孔雀石 / 菱铁矿 / 蓝铜矿 / 柱状菱锰矿 / 片状菱锰矿 / 方解石 / 粉色方解石 / 锰方解石 / 蓝文石 / 铁方解石

硫/磷酸盐类 056
金色重晶石 / 透石膏 / 黄色重晶石 / 硬石膏（沙漠玫瑰）/ 白色重晶石 / 磷氯铅矿 / 绿松石 / 蓝铁矿

氧化物类 060
尖晶石 / 锡石 / 红刚玉 / 磁铁矿 / 铬铁矿 / 软锰矿 / 赤铁矿 / 镜铁矿 / 黑钨矿 / 硬锰矿 / 葡萄状硬锰矿 / 钼铅矿 / 褐铁矿 / 镜铁矿 / 黄玉髓 / 石

I

英 / 蛋白石 / 白水晶 / 红水晶 / 玛瑙 / 墨晶

宝石玉石篇　069

彩色宝石类　071

地幔之火、流光溢彩戒指 / 橄榄石工艺盆景 / 大理岩＋红色尖晶石 / 星光石榴石 / 海蓝宝石（溶蚀晶柱）/ 锂辉石 / 磷灰石 / 铬透辉石 / 蓝方石 / 祖母绿原石 / 祖母绿（云南麻栗坡）/ 祖母绿猫眼（阿富汗）/ 无色及蓝色托帕石（经辐射处理）、帝王托帕石毛料、合成黄色水晶

二氧化硅类　077

玛瑙－紫水晶洞 / 紫水晶柱（经人工切割打磨）/ 白欧泊（欧洲）/ 火欧泊（墨西哥）/ 水晶（非洲）/ 水胆水晶 / 鸡血石（石英质玉）/ 鸡血石印章 / 台山玉（石英质玉）/ 绿玉髓（澳大利亚）/ 珊瑚玉

翡翠类　081

翡翠摆件 / 翡翠制品 / 翡翠＋闪石（烟嘴）/ 翡翠（缅甸）/ 翡翠（危地马拉）/ 染色注胶翡翠（B+C 处理）

和田玉类　083

和田玉（辽宁岫岩）/ 和田玉（青海格尔木）/ 和田玉（四川龙溪）/ 和田玉（贵州罗甸）/ 和田玉（广西大化）/ 和田玉（韩国春川）/ 和田玉（也门）/ 和田玉（敦煌旱峡）/ 和田玉山料（甘肃马鬃山）/ 陶片和石锤 / 墨玉籽料（新疆）/ 和田玉籽料和戈壁料（新疆）/ 和田玉山料（内蒙古敖汉旗红山文化）/ 和田玉（四川雅安）/ 墨玉玉佩 / 和田玉（阿富汗）/ 和田玉（澳大利亚）/ 碧玉（俄罗斯）/ 青白玉（俄罗斯）

蛇纹石玉类　091

蛇纹石玉（广东信宜）/ 蛇纹石玉（山东泰安）/ 蛇纹石玉（甘肃武山）/ 蛇纹石玉（辽宁岫岩）/ 蛇纹石玉（陕西汉中）/ 蛇纹石玉（新疆）/ 蛇纹石化大理岩（山东莒南）

钻石类　095

钻石展柜展品 / 湖南钻石砂矿原石及成品 / 合成钻石（大于1ct）/ 金伯利岩（山东）/ 金伯利岩（新疆）/ 金伯利岩（贵州）/ 金伯利岩（辽宁瓦房店）/ 钾镁煌斑岩（澳大利亚阿盖尔）

其他　099

淡水珍珠项链 / 石膏猫眼 / 大理岩玉（阿富汗白玉壶）/ 水钙铝榴石（青海翠）/ 柯巴树脂 / 叶蜡石

古生物化石篇　101

爬行纲　103

梁氏关岭鱼龙 / 邓氏贵州鱼龙 / 胡氏贵州龙 / 潜龙 / 盘县混鱼龙 / 茂名无盾龟 / 恐龙蛋 / 贵州龙 / 镰刀龙 / 云贵中国豳顶龙

早期生物群落　113

瓮安磷块岩 / 澄江动物群 / 长尾娜罗虫 / 娜罗虫 / 始虫 / 云南腮虾虫 / 瓦普塔虾 / 帽天山虫 / 圆筒帽天山虫 / 耳形等刺虫 / 日射水母 / 云南中华细丝藻

珊瑚纲 — 120
砗磲 / 朴素扁脑珊瑚 / 黄岩岛珊瑚礁

有铰纲 — 122
半球状波纹扭形贝 / 同窗无心贝

甲壳纲 — 123
鳌虾

头足纲 — 124
叶菊石 / 中华震旦角石

三叶虫纲 — 126
王冠虫 / 副四川虫与小栉虫 / 中国蝴蝶虫 / 四川虫 / 三叶虫

海百合纲 — 129
关岭创孔海百合 / 创孔海百合 / 海龙（硬骨鱼纲）/ 许氏创孔海百合

硬骨鱼纲 — 133
狼鳍鱼 / 华夏燕都鸟 / 寿昌中鲚鱼 / 前射线鳍鱼 / 刘氏比耶鱼 / 黄果树安顺龙 / 新铺龙 / 孙氏新铺龙 / 云南龙鱼

鸟纲 — 142
反鸟 / 郝氏近鸟龙

哺乳纲 — 143
亚洲象 / 三门马 / 东方剑齿象 / 三趾马

古植物 — 146
茨康 / 埃博拉契蕨属 / 枝脉蕨 / 栉羊齿 / 赤杨 / 斯氏鳞木

其他化石 — 149
有孔虫类 / 水螅纲 / 珊瑚纲 / 有铰纲 / 无铰纲 / 双壳纲 / 头足纲 / 腹足纲 / 三叶虫纲 / 笔石纲 / 海百合纲 / 盾皮鱼纲 / 软骨鱼纲 / 鱼纲 / 蜥形纲 / 爬行纲 / 鸟纲 / 哺乳纲 / 古植物

岩画艺术篇 — 159

硅玉化木篇 — 185

教学标本篇 — 203

药用矿物篇 — 223

其他馆藏 — 267
虚拟仿真 — 269

捐赠 — 270

地震速报 — 281

院史文物 — 282

附录 — 285

编后语 — 296

中山大学地球科学与工程学院
岩矿古生物教学实习中心

矿物是化学元素通过地质作用等过程发生运移、聚集而形成的。

具体的作用过程不同，所形成的矿物组合也不相同。矿物在形成后，还会因环境的变迁而遭受破坏或形成新的矿物。

矿物馆内收集奇石超800种，包括陨石矿物，非晶质体，含铜、铁、铅、锌等的金属矿物，化合物矿物和含氧盐矿物等。

矿物馆内藏有：鸳鸯矿物——雌黄和雄黄；夜明珠——萤石；朱笔御批用的辰砂；愚人金——黄铁矿；沙漠玫瑰——寒水石-细理石之方解石；千里江山图的青绿原料——蓝铜矿、孔雀石、青金石、云母等。

多彩矿物

名称：镜铁矿
成分：$\alpha\text{-}Fe_2O_3$
硬度：5.5～6
产地：广东和平
编号：KWJTG-1

名称：立方体蓝萤石
成分：CaF_2
硬度：4
产地：湖南郴州
编号：KWJTG-2

名称：辉锑矿
成分：Sb_2S_3
硬度：2
产地：湖南冷水滩
编号：KWJTG-3

名称：白钨矿

成分：Ca[WO$_4$]

硬度：4.5～5

产地：四川绵阳

编号：KWJTG-4

名称：孔雀石
成分：$Cu_2[CO_3](OH)_2$
硬度：3.5～4
产地：广东阳春
编号：KWJTG-5

名称：墨晶
成分：SiO_2
硬度：7
产地：广西贺州
编号：KWJTG-6

名称：墨晶

成分：SiO_2

硬度：7

产地：广西贺州

编号：KWJTG-13

名称：四方体绿萤石

成分：CaF_2

硬度：4

产地：江西瑞金

编号：KWJTG-7

名称：燕尾石膏

成分：$Ca[SO_4]·2H_2O$

硬度：1.5～2

产地：贵阳晴隆

编号：KWJTG-8

名称：铁铝石榴石

成分：$Fe_3Al_2[SiO_4]_3$

硬度：7～7.5

产地：内蒙古

编号：KWJTG-9

名称：方解石

成分：$CaCO_3$

硬度：3

产地：湖南郴州

编号：KWJTG-10

名称：金黄色冰洲石
成分：$Ca[CO_3]$
硬度：3
产地：湖北大冶
编号：KWJTG-11

名称：立方体紫萤石
成分：CaF_2
硬度：4
产地：湖南郴州
编号：KWJTG-12

名称：八面体绿萤石
成分：CaF_2
硬度：4
产地：河南南阳
编号：KWJTG-15

名称：蓝文石
成分：$CaCO_3$
硬度：4～5
产地：四川旺苍
编号：KWJTG-14

名称：八面体紫萤石
成分：CaF_2
硬度：4
产地：湖南衡阳
编号：KWJTG-16

名称：菊石
门：软体动物门
纲：头足纲
地质年代：古生代泥盆纪初期
编号：KWJTG-17

名称：雪花石膏（透石膏）
成分：$Ca[SO_4] \cdot 2H_2O$
硬度：1.5～2
产地：云南文山
编号：KWJTG-18

名称：球状绿萤石
成分：CaF_2
硬度：4
产地：河南南阳
编号：KWJTG-19

自然元素类

地球上能形成单质或由多种元素组成的金属化合物矿物的元素有 40 多个，它们以自然状态存在于岩石中，以最还原的状态存在，不与氧、硫等阴离子结合，被称为"自然元素"。与其他矿物相比，自然元素矿物很稀少，约占地壳总质量的 0.1%，分布极不均匀，但是它们是某些金属和宝石的主要来源，身价颇高。金、银、自然硫、石墨是典型的自然元素单质矿物，除单质矿物外，还有锇铱矿、铂钯矿等多种元素组成的金属化合物矿物。

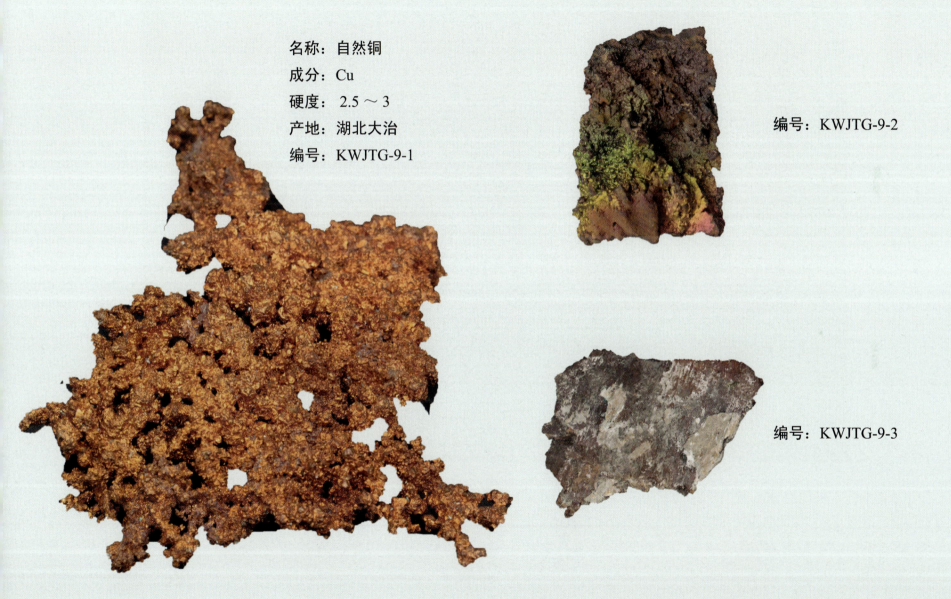

名称：自然铜
成分：Cu
硬度：2.5～3
产地：湖北大冶
编号：KWJTG-9-1

编号：KWJTG-9-2

编号：KWJTG-9-3

名称:石墨

成分:C

硬度:1~2

编号:KWJTG-9-4

名称：自然银
成分：Ag
硬度：2.5～3
编号：KWJTG-9-5

名称：自然金
成分：Au
硬度：2.5～3
编号：KWJTG-9-6

名称：黑钨矿

成分：$(Mn, Fe)WO_4$

硬度：4～4.5

产地：江西大余

编号：KWJTG-9-7

名称：自然硫

成分：S

硬度：4～4.5

编号：KWJTG-9-8

名称：白钨矿

成分：$Ca[WO_4]$

硬度：4.5～5

编号：KWJTG-9-9

名称：钒铅矿

成分：$Pb_5(VO_4)_3Cl$

硬度：2.5～3

编号：KWJTG-9-10

硫化物类

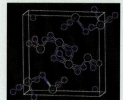

硫化物及其类似化合物包括一系列金属、半金属元素与 S、Sr、Te、As、Sb、Bi 结合而成的矿物。此类矿物只占地壳总质量的 0.15%，其中绝大部分为铁的硫化物，其他元素的硫化物及其类似化合物只相当于地壳总质量的 0.001%。尽管其分布有限，但却可以富集成具有工业意义的矿床，C、P、Zn、Hg、Sb、Bi、Mo、Ni、Co 等均以此类矿物为主要来源。

有两种含砷的硫化物，犹如一对"鸳鸯"，常常被人们发现共生在一个矿点上，它们就是雌黄和雄黄。它们同时具有晶莹美丽的颜色，当晶形发育完整时，可做观赏石或收藏品收藏。因它们硬度小，易于损坏，所以不能制作饰品佩戴，但雌黄可以用来制成颜料或退色剂，是提取砷和硫的重要矿物；雄黄可以制成农药、染料，提取硫，制造硫酸，中医上可以入药，民间用它做雄黄酒，在端午节时饮用。

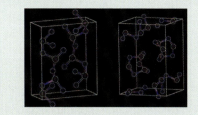

名称：钙闪锌矿
成分：(Zn, Fe)S
硬度：5.5～6
产地：湖南常宁
编号：KWJTG-10-1

名称：方铅矿
成分：PbS
硬度：2.5～2.75
产地：湖南常宁
编号：KWJTG-10-3

名称：辉钼矿
成分：MoS_2
硬度：1～1.5
产地：广西贺州
编号：KWJTG-10-2

硫化物类

名称：毒砂
成分：FeAsS
硬度：5.5～6
编号：KWJTG-11-1

名称：辉铜矿
成分：FeAsS
硬度：2.5～2.75
产地：埃塞俄比亚
编号：KWJTG-10-4

名称：黄铁矿

成分：FeS_2

硬度：6～6.5

产地：湖南衡阳

编号：KWJTG-10-5

名称：雌黄

成分：As_2S_3

硬度：1.5～2

编号：KWJTG-11-3

名称：雄黄

成分：AsS

硬度：1.5～2

编号：KWJTG-11-2

硫化物类

名称：黄铜矿

成分：$CuFeS_2$

硬度：3～4

产地：湖北大冶

编号：KWJTG-10-7

名称：磁黄铁矿

成分：$Fe_{1-x}S$

硬度：4

编号：KWJTG-10-6

名称：辉铋矿

成分：Bi_2S_3

硬度：2～2.5

编号：KWJTG-10-8

硫化物类

名称：辉锑矿
成分：Sb_2S_3
硬度：2
编号：KWJTG-10-9

名称：方铅矿

成分：PbS

硬度：2.5～2.75

编号：KWJTG-11-4

名称：白铁矿

成分：FeS_2

硬度：5～6

编号：KWJTG-11-5

名称：硫铁矿

成分：FeS_2

硬度：6～6.5

编号：KWJTG-11-6

硫化物类

名称：黄铁矿
成分：FeS_2
硬度：6～6.5
编号：KWJTG-11-9

名称：辰砂
成分：HgS
硬度：2.5～2.75
编号：KWJTG-11-8

名称：铁闪锌矿
成分：$(Zn, Fe)S$
硬度：3.5～4
编号：KWJTG-11-7

卤化物类

卤化物矿物是指卤素阴离子与金属阳离子结合形成的矿物，已知有 120 种左右。卤化物矿物中最受欢迎的一种是萤石，又称为"氟石"。萤石在紫外线、阴极射线照射下会发出荧光，以此命名。萤石的晶体有着丰富又缤纷的色彩，有"彩虹矿物"的美称。人类对萤石的开发与利用历史很悠久，古罗马时期的雕刻花瓶、河姆渡人的装饰物中都出现了萤石。在工业上，萤石可用作钢和铝冶炼时的助熔剂，还可以用于制作空调、冰箱中的制冷剂。

卤化物类

名称：紫色萤石
成分：CaF_2
硬度：4
编号：KWJTG-8-2

名称：绿色萤石
成分：CaF_2
硬度：4
编号：KWJTG-8-1

名称：紫色立方体萤石
成分：CaF_2
硬度：4
编号：KWJTG-8-7

名称：紫灰色萤石复晶
成分：CaF_2
硬度：4
编号：KWJTG-8-9

名称：球状红萤石
成分：CaF_2
硬度：4
编号：KWJTG-8-8

卤化物类

名称：四方体绿萤石
成分：CaF_2
硬度：4
编号：KWJTG-8-3

名称：白色多面体萤石
成分：CaF_2
硬度：4
编号：KWJTG-8-4

名称：绿色萤石
成分：CaF_2
硬度：4
编号：KWJTG-8-5

名称：萤石晶簇
成分：CaF_2
硬度：4
编号：KWJTG-8-6

硅酸盐类

硅酸盐矿物是含有硅酸根矿物的总称，也是含氧盐矿物中最主要的一类。这是地壳中种类最多、含量最大的一类矿物，占全部已知矿物的近 1/3，质量占地壳总质量的 75%。除了陨石和月岩中形成的硅酸盐矿物以外，在地壳中无论是内生作用、外生作用，还是变质作用的几乎所有成岩、成矿过程中普遍有硅酸盐矿物的形成。硅酸盐矿物不仅是构成地壳、地幔的主要矿物，也是工业所需的多种金属和非金属的矿物资源，许多珍贵的宝玉石也来自此类矿物。

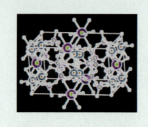

鱼眼石是一种含结晶水的钾钙硅酸盐矿物、四方晶系，因其解理面上散射出的光线呈珍珠光泽，酷似鱼眼的反射色，故称"鱼眼石"。因美丽的外表、艳丽的颜色以及产量和产地的稀少，鱼眼石成为矿物收藏的一个重要品种。鱼眼石按其含氟和羟基的多少可以分为氟鱼眼石和羟鱼眼石两个亚种，常见的多为氟鱼眼石，像印度出产的鱼眼石就是其中最著名的。印度鱼眼石以其颜色艳丽、品质优良著称，被世界藏家喜好，据报道，其出产的鱼眼石晶体中最大的为直径 20cm 的单晶。

铁锂云母是提取锂的矿物原料，主要产于云英岩中，亦见于伟晶岩、高温热液脉中，其具有弱磁性，可用磁选法使其与脉石矿物分离。含氧化锂 Li_2O 1.1%～5%。密度 2.9～3.2g/cm³。外观呈暗灰色，常见片状结晶集合成玫瑰花瓣状。薄片具弹性。它是微斜长石中常见的矿物，产在火山岩中。它属于长石矿物中的一种，为含钾铝硅酸盐。微斜长石的颜色为白色到米黄色、红色，具有玻璃光泽，比较脆。

硅酸盐类

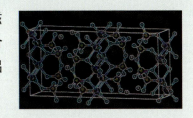

名称：蓝晶石
成分：$Al_2[SO_4]O$
硬度：4.5
产地：俄罗斯
编号：KWJTG-4-1

名称：铁铝石榴石
成分：$Fe_3Al_2[SO_4]_3$
硬度：4.5
产地：俄罗斯
编号：KWJTG-4-2

名称：铁铝石榴石
成分：$Fe_3Al_2[SO_4]_3$
硬度：7～7.5
产地：内蒙古
编号：KWJTG-4-3

硅酸盐类

名称：白云母
成分：$KAl_2[AlSi_3O_{10}](OH,F)_2$
硬度：2.5
产地：四川绵阳
编号：KWJTG-4-4

名称：黑云母
成分：$K(Mg,Fe)_3[AlSi_3O_{10}](F,OH)_2$
硬度：2.5
产地：新疆
编号：KWJTG-4-5

名称：天河石
成分：$K[AlSi_3O_8]$
硬度：6～6.5
产地：马达加斯加
编号：KWJTG-4-7

名称：青金石
成分：$(Na,Ca)_8[AlSiO_4](SiO_4SCl)_2$
硬度：5.5
产地：阿富汗
编号：KWJTG-4-6

硅酸盐类

名称：钾长石
成分：K[AlSi$_3$O$_8$]
硬度：6～6.5
产地：云南
编号：KWJTG-4-8

名称：葡萄石
成分：Ca$_2$Al[AlSi$_3$O$_{10}$](OH)$_2$
硬度：6～6.5
产地：云南
编号：KWJTG-4-9

名称：长石

成分：$K[AlSi_3O_8]$

硬度：6～6.5

编号：KWJTG-5-2

名称：十字石

成分：$Fe_2Al_9[SiO_4]_4O_7(OH)_2$

硬度：7.5

产地：俄罗斯

编号：KWJTG-5-1

硅酸盐类

名称：钾长石

成分：K[AlSi$_3$O$_8$]

硬度：6～6.5

产地：云南

编号：KWJTG-5-4

名称：沸石

成分：A$_m$B$_p$O$_{2p}$·nH$_2$O

硬度：3.5～5.5

产地：印度

编号：KWJTG-5-3

名称：锂辉石

成分：LiAl[Si$_2$O$_6$]

硬度：6.5～7

产地：新疆

编号：KWJTG-5-5

名称：拉长石

成分：$NaAlSi_3O_8$（钠长石），$CaAl_2Si_3O_8$（钙长石）

硬度：6

产地：巴西

编号：KWJTG-5-7

名称：电气石

成分：$XY_3Z_6Si_6O_{18}(BO_3)_3W_4$

硬度：7～7.5

产地：广东龙门

编号：KWJTG-5-6

名称：绿柱石

成分：$Be_3Al_2(SiO_3)_6$

硬度：7.5～8

编号：KWJTG-5-8

名称：锂蓝闪石

成分：$Li_2(Mg,Fe^{2+})_3Al_2Si_8O_{22}(OH)_2$

硬度：4～4.5

编号：KWJTG-12-3

名称：铁锂云母

成分：$KLiFeAl[AlSi_3O_{10}](F,OH)_2$

硬度：2～3

编号：KWJTG-12-4

名称：霞长石

成分：$NaAlSi_3O_8$

硬度：6～6.5

产地：云南

编号：KWJTG-12-5

名称：阳起石

成分：$Ca_2(Mg,Fe)_5Si_8O_{22}(OH)_2$

编号：KWJTG-12-6

碳酸盐类

碳酸盐矿物多数为外生成因,主要由沉积作用形成,约占地壳总质量的1.7%。碳酸盐矿物在地球上分布广泛,有时可形成大面积分布的海相沉地层。碳酸盐矿物是重要的非金属矿物原料,也是提取铁、镁、锰、铜等金属元素及放射性元素钍、铀的主要矿物来源,具有重要的经济价值。无色透明的晶体称冰洲石,具玻璃光泽,其晶体具有最大的双折射功能和偏振光性能,是已知物质中不能人工制造和无法替代的天然晶体,主要用于国防工业、制造高精度光学仪器等。

碳酸盐类

名称：微晶方解石
成分：$CaCO_3$
硬度：3
产地：福建大田
编号：KWJTG-1-3

名称：黄色方解石
成分：$CaCO_3$
硬度：3
产地：湖北黄石
编号：KWJTG-1-1

名称：硫金方解石
成分：$CaCO_3$
硬度：3
产地：广东韶关
编号：KWJTG-1-2

名称：白文石
成分：$CaCO_3$
硬度：3.5～4.5
产地：云南文山
编号：KWJTG-1-4

名称：冰洲石
成分：$CaCO_3$
硬度：3
产地：湖北
编号：KWJTG-1-5

名称：金色方解石
成分：$CaCO_3$
硬度：3
产地：湖南郴州
编号：KWJTG-1-6

名称：白云石
成分：$CaMg(CO_3)_2$
硬度：3.5～4
产地：湖南郴州
编号：KWJTG-1-8

名称：黄色冰洲石
成分：$CaCO_3$
硬度：3
产地：国外
编号：KWJTG-1-9

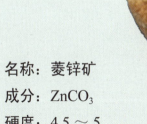

名称：菱锌矿
成分：$ZnCO_3$
硬度：4.5～5
产地：云南文山
编号：KWJTG-1-7

名称：孔雀石
成分：$Cu_2(CO_3)(OH)_2$
硬度：3.5～4
产地：广东阳春
编号：KWJTG-2-1

名称：蓝铜矿
成分：$Cu_3(CO_3)_2(OH)_2$
硬度：3.5～4
产地：湖北大冶
编号：KWJTG-2-3

名称：菱铁矿
成分：$FeCO_3$
硬度：3.7～4.3
产地：国外
编号：KWJTG-2-2

碳酸盐类

名称：片状菱锰矿
成分：$MnCO_3$
硬度：3.5～4.5
产地：广东连平
编号：KWJTG-2-5

名称：柱状菱锰矿
成分：$MnCO_3$
硬度：3.5～4.5
产地：广东连平
编号：KWJTG-2-4

名称：方解石
成分：$CaCO_3$
硬度：3
产地：福建三明
编号：KWJTG-2-6

名称：粉色方解石
成分：$CaCO_3$
硬度：3
产地：广东始兴
编号：KWJTG-2-7

碳酸盐类

名称：铁方解石
成分：$CaCO_3$
硬度：3
产地：文东英德
编号：KWJTG-2-10

名称：锰方解石
成分：$CaCO_3$
硬度：3
产地：福建泉州
编号：KWJTG-2-8

名称：蓝文石
成分：$CaCO_3$
硬度：3.5～4.5
产地：云南文山
编号：KWJTG-2-9

硫/磷酸盐类

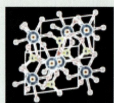

硫酸盐矿物是硫酸根与金属阳离子相结合的化合物，矿物分布不广，约占地壳质量的 0.1%，其中有名的沙漠玫瑰由多片板状结晶交叉，呈簇拥玫瑰状生长在沙漠地区的土壤里，故得名。磷酸盐矿物是金属阳离子与磷酸根相结合而成的含氧盐矿物。少数磷酸盐矿物在自然界中广泛分布并可形成有工业价值的矿床，其他大多数量极少。

硫酸盐类

名称：透石膏
成分：$CaSO_4 \cdot 5H_2O$
硬度：1.5～2
产地：贵州六盘水
编号：KWJTG-3-2

名称：金色重晶石
成分：$BaSO_4$
硬度：3～3.5
产地：江西瑞金
编号：KWJTG-3-1

名称：黄色重晶石
成分：$BaSO_4$
硬度：3～3.5
产地：福建上杭
编号：KWJTG-3-3

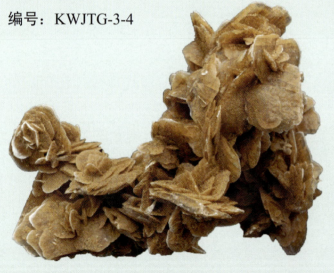

名称：硬石膏(沙漠玫瑰)
成分：$CaSO_4$
硬度：3～3.5
产地：新疆
编号：KWJTG-3-4

名称：白色重晶石
成分：$BaSO_4$
硬度：3～3.5
产地：新疆
编号：KWJTG-3-5

名称：硬石膏(沙漠玫瑰)
成分：$CaSO_4$
硬度：3～3.5
产地：新疆
编号：KWJTG-3-6

磷酸盐类

名称：磷氯铅矿
成分：$Pb_5(PO_4)_3Cl$
硬度：3.5～4
产地：广西阳朔
编号：KWJTG-3-7

名称：绿松石
成分：$CuAl_6(PO_4)_4(OH)_8·5H_2O$
硬度：5～6
产地：湖北十堰
编号：KWJTG-3-9

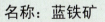

名称：蓝铁矿
成分：$Fe_3(PO_4)_2·8H_2O$
硬度：1.5～2
产地：马达加斯加
编号：KWJTG-3-8

氧化物类

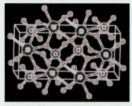

氧化物和氢氧化物矿物是一系列金属阳离子和某些非金属阳离子 S^{2+} 与 O^{2-} 或 OH^- 化合所形成的矿物。其中一些氧化物矿物，如钼铅矿，可直接作为重要工业原料和工艺原料而加工利用。钼铅矿一般具有油脂光泽或金刚光泽，颜色为黄到橙红色或褐色。钼铅矿的橘红色特别艳丽夺目，色彩（包括光泽）是钼铅矿的灵魂，我国的湖南、云南等地有该种矿床的发现。

氧化物类

名称：锡石
成分：SnO_2
硬度：6～7
产地：江西大余
编号：KWJTG-6-2

名称：红刚玉
成分：Al_2O_3
硬度：9
产地：越南
编号：KWJTG-6-3

名称：尖晶石
成分：$MgAl_2O_4$
硬度：8
产地：越南
编号：KWJTG-6-1

名称：磁铁矿

成分：Fe_3O_4

硬度：6

产地：南非

编号：KWJTG-6-4

名称：软锰矿

成分：MnO_2

硬度：2～6

产地：广东韶关

编号：KWJTG-6-5

名称：铬铁矿

成分：$(Fe, Mg)Cr_2O_4$

硬度：5.5～6.5

产地：俄罗斯

编号：KWJTG-12-1

名称：赤铁矿
成分：Fe_2O_3
硬度：5.5～6.5
编号：KWJTG-12-7

名称：镜铁矿
成分：$\alpha\text{-}Fe_2O_3$
硬度：5.5～6
编号：KWJTG-12-8

名称：黑钨矿
成分：$(Mn,Fe)WO_4$
硬度：4～4.5
编号：KWJTG-12-9

名称：葡萄状硬锰矿
成分：$m\mathrm{MnO} \cdot \mathrm{MnO_2} \cdot n\mathrm{H_2O}$
硬度：4.5
编号：KWJTG-12-2

名称：钼铅矿
成分：$\mathrm{Pb[MoO_4]}$
硬度：2.5～3
产地：摩洛哥
编号：KWJTG-6-6

名称：硬锰矿
成分：$\mathrm{BaMn^{2+}Mn^{4+}O_{20} \cdot 3H_2O}$
硬度：6～6.5
产地：广东乳源
编号：KWJTG-6-7

氧化物类

名称：褐铁矿
成分：$Fe_2O_3 \cdot nH_2O$
硬度：5.5
产地：广东韶关
编号：KWJTG-6-8

名称：黄玉髓
成分：SiO_2
硬度：7
产地：浙江武义
编号：KWJTG-7-6

名称：镜铁矿
成分：Fe_2O_3
硬度：5.5～6
产地：广东和平
编号：KWJTG-6-9

氧化物类

名称：蛋白石
成分：$SiO_2 \cdot nH_2O$
硬度：7
产地：马达加斯加
编号：KWJTG-7-2

名称：石英
成分：SiO_2
硬度：7
产地：江西龙南
编号：KWJTG-7-1

名称：白水晶
成分：SiO_2
硬度：7
编号：KWJTG-7-3

名称：红水晶
成分：SiO_2
硬度：7
产地：江西东安
编号：KWJTG-7-5

名称：玛瑙
成分：SiO_2
硬度：7
产地：马达加斯加
编号：KWJTG-7-4

名称：墨晶
成分：SiO_2
硬度：7
产地：广西梧州
编号：KWJTG-7-7

宝石玉石篇

中山大学地球科学与工程学院
岩矿古生物教学实习中心

"玉，石之美者"（东汉《说文解字》），是古代华夏文化的"瑰宝"，东方文明的特色所在。玉(Jade)特指主要由角闪石单矿物和辉石单矿物组成的集合体，由于其美丽、耐用和稀少的特性而广受欢迎，市面上常见的宝玉石约30种。

本馆展示了30种以上的宝玉石，如翡翠、金伯利岩及钻石，高温高压合成钻石、阿富汗祖母绿猫眼、蓝宝石、星光石榴石、水胆水晶等。

此外，展厅也系统展示了中国主要玉矿出产的闪石和蛇纹石玉石材料，如新疆和田墨玉籽料、青海格尔木2008年用做奥运金牌的和田玉、蛇纹石质泰山玉、信宜南方玉、"台山玉"以及被列为"2019年中国十大考古新发现"的具四千年开采历史的旱峡古玉矿玉料等。本馆展品主要由我院丘志力教授及其研究团队捐赠。

彩色宝石类

名称：地幔之火、流光溢彩戒指
组成：红玛瑙、红宝石、蓝宝石、尖晶石、钻石
捐赠人：钟春雨女士

名称：橄榄石工艺盆景
捐赠单位：宝玉石研究鉴定评估中心

名称：大理岩 + 红色尖晶石
捐赠人：梁冬云、张莉莉女士

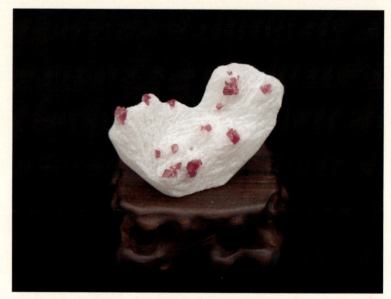

名称：大理岩 + 红色尖晶石
捐赠人：裴玉女士

名称：星光石榴石
捐赠人：丘志力教授研究团队

名称：海蓝宝石（溶蚀晶柱）

捐赠人：丘志力教授研究团队

名称：锂辉石

捐赠人：陈珊女士

名称：磷灰石

捐赠单位：宝玉石鉴定评估研究中心

名称：铬透辉石

捐赠人：丘志力教授研究团队

名称：蓝方石

捐赠人：余晨先生

名称：祖母绿原石
捐赠人：钟春雨女士

名称：祖母绿原石
捐赠人：于庆媛女士

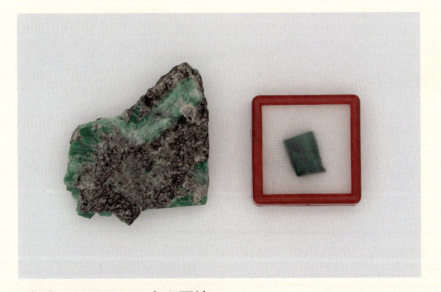

名称：祖母绿（云南麻栗坡）
捐赠人：丘志力教授研究团队

名称：祖母绿猫眼（阿富汗）
捐赠人：刘璐女士

名称：无色及蓝色托帕石（经辐射处理）（左）、帝王托帕石毛料（中）、合成黄色水晶（右）
捐赠单位/捐赠人：宝玉石研究鉴定评估中心、陶丞建先生

二氧化硅类

名称：玛瑙 - 紫水晶洞
捐赠单位：宝玉石研究鉴定评估中心

名称：紫水晶柱（经人工切割打磨）
捐赠单位：宝玉石研究鉴定评估中心

名称：白欧泊（欧洲）

捐赠人：丘志力教授研究团队

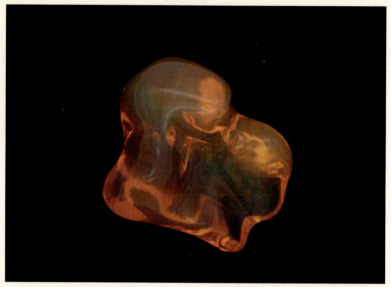

名称：火欧泊（墨西哥）

捐赠人：杨淼女士

名称：水晶（非洲）

捐赠人：吴德和先生

名称：水胆水晶

捐赠单位：宝玉石研究鉴定评估中心

二氧化硅类

名称：鸡血石（石英质玉）
捐赠人：孙媛女士

名称：鸡血石（石英质玉）
捐赠单位：广州创慧珠宝有限公司

名称：鸡血石印章
捐赠单位：宝玉石研究鉴定评估中心

名称：台山玉（石英质玉）

捐赠人：丘志力教授研究团队

名称：绿玉髓（澳大利亚）

捐赠单位：宝玉石研究鉴定评估中心

名称：珊瑚玉

捐赠人：李超先生

翡翠类

名称：翡翠摆件
捐赠人：陈建华先生

名称：翡翠制品
捐赠人：丘志力教授研究团队

名称：翡翠＋闪石（烟嘴）
捐赠人：丘志力教授研究团队

名称：翡翠（缅甸）
捐赠人：丘志力教授研究团队

名称：翡翠（危地马拉）
捐赠人：黄紫明先生

名称：染色注胶翡翠（B+C 处理）
捐赠人：丘志力教授研究团队

和田玉类

名称：和田玉（辽宁岫岩）
捐赠人：丘志力教授研究团队

名称：和田玉（青海格尔木）
捐赠人：丘志力教授研究团队

名称：和田玉（四川龙溪）
捐赠人：叶旭先生

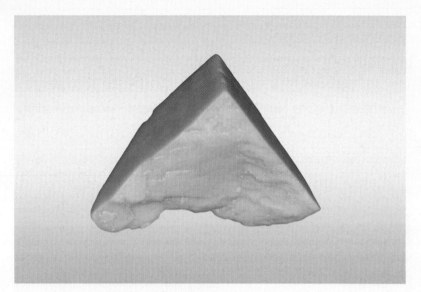

名称：和田玉（贵州罗甸）

捐赠人：丘志力教授研究团队

名称：和田玉（广西大化）

捐赠人：丘志力教授研究团队

名称：和田玉（韩国春川）

捐赠人：叶旭先生

名称：和田玉（也门）

捐赠人：叶旭先生

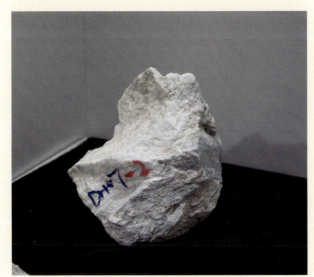

名称：和田玉（敦煌旱峡）

捐赠人：丘志力教授研究团队

名称：和田玉（敦煌旱峡）
捐赠人：丘志力教授研究团队

名称：和田玉山料（甘肃马鬃山）
捐赠人：丘志力教授研究团队

名称：和田玉山料（甘肃马鬃山）
捐赠人：丘志力教授研究团队

名称：陶片和石锤
捐赠人：丘志力教授研究团队

名称：墨玉籽料（新疆）
捐赠人：丘志力教授研究团队

名称：和田玉籽料和戈壁料（新疆）
捐赠人：丘志力教授研究团队

名称：和田玉山料（红圈部分为玉脉，内蒙古敖汉旗红山文化）
捐赠人：丘志力教授研究团队

名称：和田玉（四川雅安）

捐赠人：金晓婷女士

名称：墨玉玉佩

捐赠人：谢斌先生

名称：和田玉（阿富汗）
捐赠人：叶旭先生

名称：和田玉（澳大利亚）
捐赠单位：澳大利亚宝石学会

名称：碧玉（俄罗斯）
捐赠人：丘志力教授研究团队

名称：青白玉（俄罗斯）
捐赠人：丘志力教授研究团队

蛇纹石玉类

名称：蛇纹石玉（广东信宜），右上角展品为火山玻璃
捐赠人：丘志力教授研究团队

名称：蛇纹石玉（广东信宜）
捐赠人：丘志力教授研究团队

名称：蛇纹石玉（山东泰安）
捐赠人：丘志力教授研究团队

名称：蛇纹石玉（甘肃武山）
捐赠人：丘志力教授研究团队

名称：蛇纹石玉（辽宁岫岩）
捐赠人：丘志力教授研究团队

名称：蛇纹石玉（辽宁岫岩）
捐赠人：丘志力教授研究团队

名称：蛇纹石玉（陕西汉中）
捐赠人：丘志力教授研究团队

名称：蛇纹石玉（新疆）
捐赠人：丘志力教授研究团队

名称：蛇纹石化大理岩（山东莒南）
捐赠人：丘志力教授研究团队

钻石类

名称：钻石展柜展品

捐赠人：丘志力教授研究团队

名称：湖南钻石砂矿原石及成品
捐赠人：丘志力教授研究团队

名称：合成钻石（大于1ct）
捐赠人：丘志力教授研究团队

名称:金伯利岩(山东)
捐赠人:丘志力教授研究团队

名称：金伯利岩（新疆）
捐赠人：丘志力教授研究团队

名称：金伯利岩（贵州）
捐赠人：丘志力教授研究团队

名称：金伯利岩（辽宁瓦房店）
捐赠单位：宝玉石鉴定评估研究中心

名称：钾镁煌斑岩（澳大利亚阿盖尔）
捐赠人：丘志力教授研究团队

其他

名称：淡水珍珠项链
捐赠人：丘志力教授研究团队

名称：石膏猫眼
捐赠单位：宝玉石研究鉴定评估中心

名称：大理岩玉（阿富汗白玉壶）
捐赠单位：宝玉石研究鉴定评估中心

名称：水钙铝榴石（青海翠）
捐赠单位：宝玉石研究鉴定评估中心

名称：柯巴树脂
捐赠人：于庆媛女士

名称：叶蜡石
捐赠单位：广州创慧珠宝有限公司

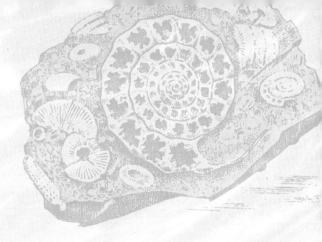

古生物化石篇

中山大学地球科学与工程学院
岩矿古生物教学实习中心

作为地质历史时期生物的遗体、生命活动的遗迹以及生物成因的残留物的石化产物,化石的发现给地球漫长的历史增添了不少生命的色彩与活力。可以说,每一块化石都是历史的见证者。

收藏的化石类型主要包括脊椎动物骨骼化石、腕足动物化石、恐龙蛋化石、硅化木、植物叶化石等,包含埃迪卡拉纪、寒武纪、三叠纪、侏罗纪等不同时期的化石,为探究生命的起源与演化提供了不可或缺的珍贵线索。

爬行纲

名称：梁氏关岭鱼龙

拉丁名：*Guanlingsaurus liangae*

时代：晚三叠世

产地：贵州关岭

编号：PAL075

名称：邓氏贵州鱼龙

拉丁名：*Guizhouichthyosaurus tangae*

时代：晚三叠世

产地：贵州关岭

编号：PAL076

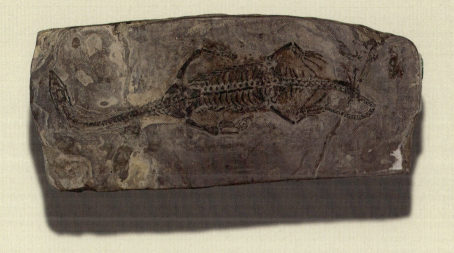

名称：胡氏贵州龙
拉丁名：*Keichousaurus hui*
时代：中三叠世
产地：贵州兴义
编号：PAL077

名称：潜龙
拉丁名：*Sinohydrosaurus lingyuanensis*
时代：晚侏罗世
编号：PAL078

名称：盘县混鱼龙

拉丁名：*Mixosaurus panxiannensis*

时代：晚三叠世

产地：贵州盘州（盘县）

编号：PAL079

名称：茂名无盾龟

拉丁名：*Anosteira maomingensis*

时代：始新世

产地：广东茂名

编号：PAL080

名称：恐龙蛋
时代：白垩纪
产地：河南西峡
编号：PAL081-083

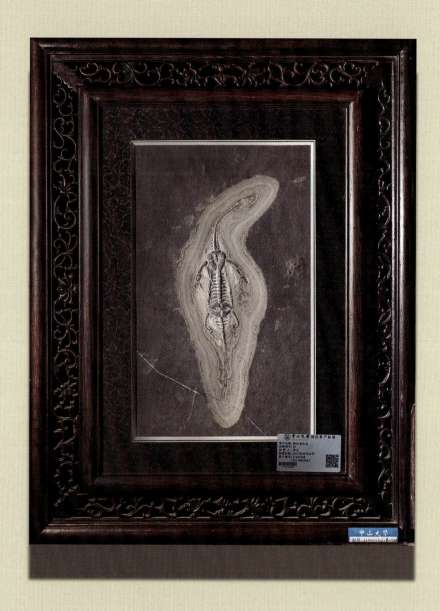

名称：贵州龙

拉丁名：*Keichousaurus* sp.

时代：晚三叠世

产地：贵州关岭

编号：PAL084

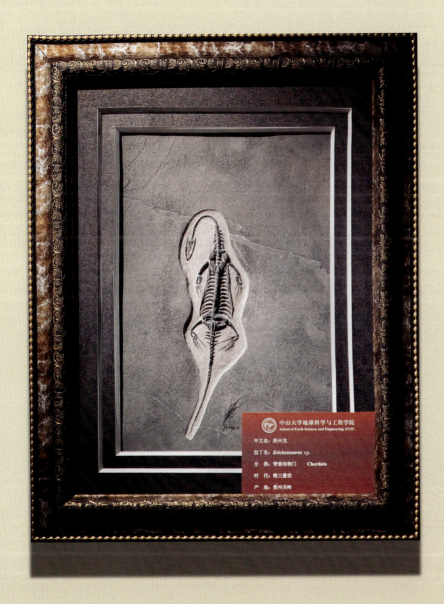

名称：贵州龙

拉丁名：*Keichousaurus* sp.

时代：晚三叠世

产地：贵州关岭

编号：PAL085

名称：贵州龙

拉丁名：*Keichousaurus* sp.

时代：晚三叠世

产地：贵州关岭

编号：PAL086

名称：镰刀龙

拉丁名：*Therizinosaurus* sp.

时代：白垩纪

产地：辽宁凌源

编号：PAL087

名称：云贵中国豆顶龙

拉丁名：*Sinosaurosphargis yunguiensis*

时代：中三叠世

产地：云南罗平

编号：PAL088

早期生物群落

名称：瓮安磷块岩

时代：元古宙

产地：贵州瓮安

编号：PAL001-004

名称：瓮安磷块岩
时代：元古宙
产地：贵州瓮安
编号：PAL005-009

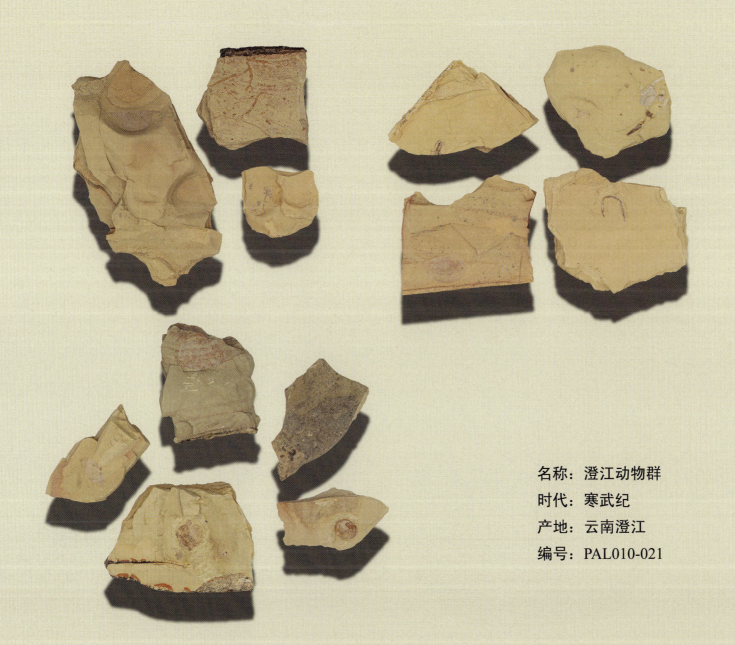

早期生物群落

名称：澄江动物群
时代：寒武纪
产地：云南澄江
编号：PAL010-021

名称：长尾娜罗虫
拉丁名：*Naraoia longicaudata*
时代：早寒武世
产地：云南
编号：PAL022

名称：娜罗虫
拉丁名：*Naraoia* sp.
时代：早寒武世
产地：云南
编号：PAL023

名称：始虫
拉丁名：*Alalcomenaeus* sp.
时代：早寒武世
产地：云南
编号：PAL024

名称：云南腮虾虫
拉丁名：*Branchiocaris yunnanensis*
时代：早寒武世
产地：云南
编号：PAL025

名称：瓦普塔虾
拉丁名：*Waptia* sp.
时代：早寒武世
产地：云南
编号：PAL026

名称：帽天山虫
拉丁名：*Maotianshania* sp.
时代：早寒武世
产地：云南
编号：PAL027

名称：圆筒帽天山虫
拉丁名：*Maotianshania cylindrica*
时代：早寒武世
产地：云南
编号：PAL028

名称：耳形等刺虫
拉丁名：*Isoxys auritus*
时代：早寒武世
产地：云南
编号：PAL029

名称：日射水母

拉丁名：*Heliomedusa* sp.

时代：早寒武世

产地：云南

编号：PAL030

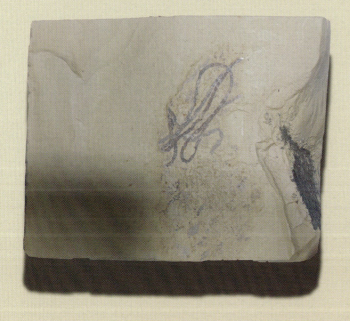

名称：云南中华细丝藻

拉丁名：*Sinocylindra yunnanensis*

时代：早寒武世

产地：云南

编号：PAL031

珊瑚纲

名称：砗磲
拉丁名：*Tridachna* sp.
产地：西沙永乐群岛
编号：PAL032-033

名称：朴素扁脑珊瑚
拉丁名：*Platygyra* sp.
时代：现代
产地：南沙群岛仙宾礁
编号：PAL034

名称：黄岩岛珊瑚礁
产地：黄岩岛
编号：PAL035

有铰纲

名称：半球状波纹扭形贝
拉丁名：*Cymostrophia semispheroidea*
时代：早泥盆世晚期
产地：广西六景
编号：PAL036

名称：同窗无心贝
拉丁名：*Athyris concentrica*
时代：早泥盆世晚期
产地：广西六景
编号：PAL037

甲壳纲

名称：鳌虾
拉丁名：Astacidea
时代：晚三叠世
产地：贵州关岭
编号：PAL038

头足纲

名称：叶菊石

拉丁名：*Phylloceras* sp.

时代：侏罗纪

产地：坦桑尼亚

编号：PAL039-044

头足纲

名称：中华震旦角石
拉丁名：*Sinoceras chinense*
时代：中奥陶世
产地：湖北宜昌
编号：PAL052

三叶虫纲

名称：王冠虫
拉丁名：*Coronocephalus* sp.
时代：中志留世
编号：PAL045

名称：副四川虫与小栉虫
拉丁名：*Parasxechuanells* sp.
　　　　Asaphellus sp.
时代：早奥陶世
产地：湖南古丈汪村
编号：PAL046

名称：中国蝴蝶虫
拉丁名：*Blackwelderia sinensis*
时代：晚寒武世
编号：PAL047

名称：四川虫
拉丁名：*Szechuanella* sp.
时代：早奥陶世
产地：湖南古丈汪村
编号：PAL048

名称：三叶虫

拉丁名：*Trilobite* sp.

编号：PAL049-051

海百合纲

名称：关岭创孔海百合
拉丁名：*Thraumatocrinus guanlingensis*
时代：晚三叠世
产地：贵州关岭
编号：PAL053

名称：创孔海百合
拉丁名：*Thraumatocrinus* sp.
时代：晚三叠世
产地：贵州关岭
编号：PAL054

名称：海龙（硬骨鱼纲）
拉丁名：*Thalattosauria* sp.
时代：晚三叠世
产地：贵州关岭
编号：PAL054

名称：创孔海百合
拉丁名：*Thraumatocrinus* sp.
时代：晚三叠世
产地：贵州关岭
编号：PAL055-057

海百合纲

名称：创孔海百合

拉丁名：*Thraumatocrinus* sp.

时代：晚三叠世

产地：贵州关岭

编号：PAL058-059

名称：许氏创孔海百合

拉丁名：*Thraumatocrinus hsui*

时代：晚三叠世

产地：贵州关岭

编号：PAL060

硬骨鱼纲

名称：狼鳍鱼
拉丁名：*Lecoptera* sp.
时代：早白垩世
产地：辽宁朝阳
编号：PAL061-063

名称：狼鳍鱼
拉丁名：*Lecoptera* sp.
时代：早白垩世
产地：辽宁朝阳
编号：PAL064-065

名称：狼鳍鱼
拉丁名：*Lecoptera* sp.
时代：早白垩世
产地：辽宁朝阳
编号：PAL066

名称：华夏燕都鸟
拉丁名：*Cathayornis yandica*
时代：早白垩世
产地：辽宁朝阳
编号：PAL066

名称：寿昌中鲚鱼
拉丁名：*Mesoclupea showchangensis*
时代：晚侏罗世
产地：浙江寿昌
编号：PAL067

名称：狼鳍鱼
拉丁名：*Lecoptera davidi*
时代：早白垩世
编号：PAL068

名称：前射线鳍鱼
拉丁名：*Proscinetes bernardi*
时代：侏罗纪
编号：PAL069

名称：刘氏比耶鱼
拉丁名：*Bergeria liui*
时代：晚三叠世
产地：贵州关岭
编号：PAL070

名称：黄果树安顺龙

拉丁名：*Anshunsaurus huangguoshuensis*

时代：晚三叠世

产地：贵州关岭

编号：PAL071

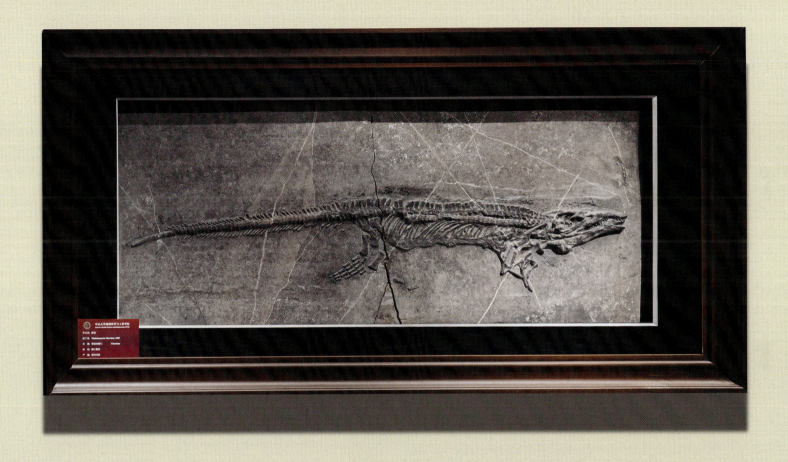

名称：新铺龙

拉丁名：*Xinpusaurus* sp.

时代：晚三叠世

产地：贵州关岭

编号：PAL072

名称：孙氏新铺龙

拉丁名：*Xinpusaurus suni*

时代：晚三叠世

产地：贵州关岭

编号：PAL073

名称：云南龙鱼

拉丁名：*Saurichthys yunnanensis*

时代：晚三叠世

产地：贵州关岭

编号：PAL074

鸟纲

名称：反鸟
拉丁名：*Enantiornis* sp.
时代：早白垩世
产地：辽宁朝阳
编号：PAL089

名称：赫氏近鸟龙
拉丁名：*Anchiornis huxleyi*
时代：晚侏罗世
产地：辽宁
编号：PAL090

哺乳纲

名称：亚洲象
拉丁名：*Elephas maximus*
时代：现代
产地：华南洞穴
编号：PAL091-092

名称：三门马
拉丁名：*Equus* sp.
时代：早更新世
产地：华南洞穴
编号：PAL093

名称：东方剑齿象
拉丁名：*Stegodon* sp.
时代：渐新世
编号：PAL094

名称：三趾马

拉丁名：*Hipparion* sp.

时代：渐新世

产地：甘肃

编号：PAL095-096

古植物

名称：茨康
拉丁名：*Czekanowskiales*
编号：PAL097-1
名称：埃博拉契蕨属
拉丁名：*Eboracia*
编号：PAL097-2

名称：枝脉蕨
拉丁名：*Cladophlebis*
编号：PAL098

名称：栉羊齿
拉丁名：*Pecopteris* sp.
时代：早二叠世
产地：内蒙古大青山
编号：PAL099

名称：赤杨
拉丁名：*Alnus* sp.
时代：新近纪
产地：山东
编号：PAL100

名称：斯氏鳞木

拉丁名：*Lepidodendron* sp.

时代：石炭纪—二叠纪

产地：华南洞穴

编号：PAL101

其他化石

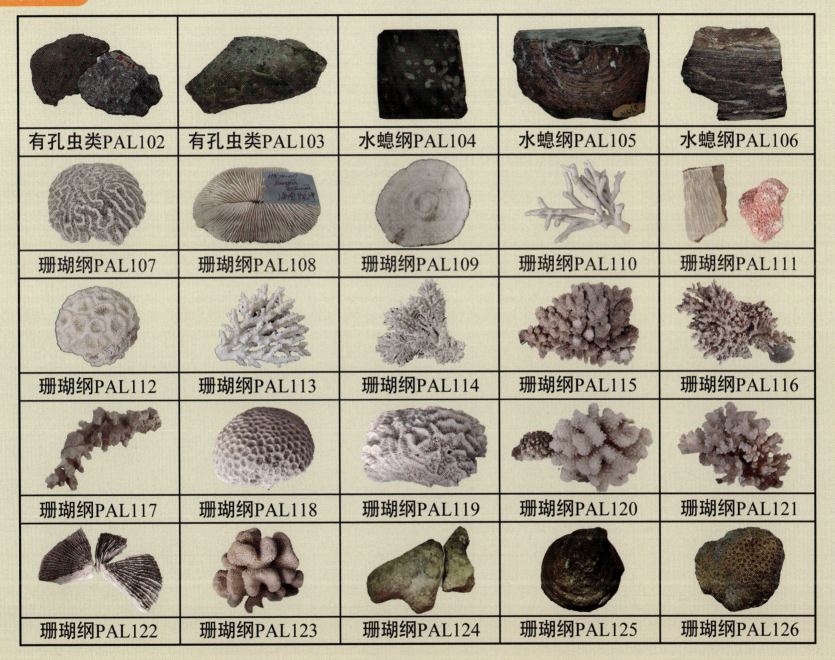

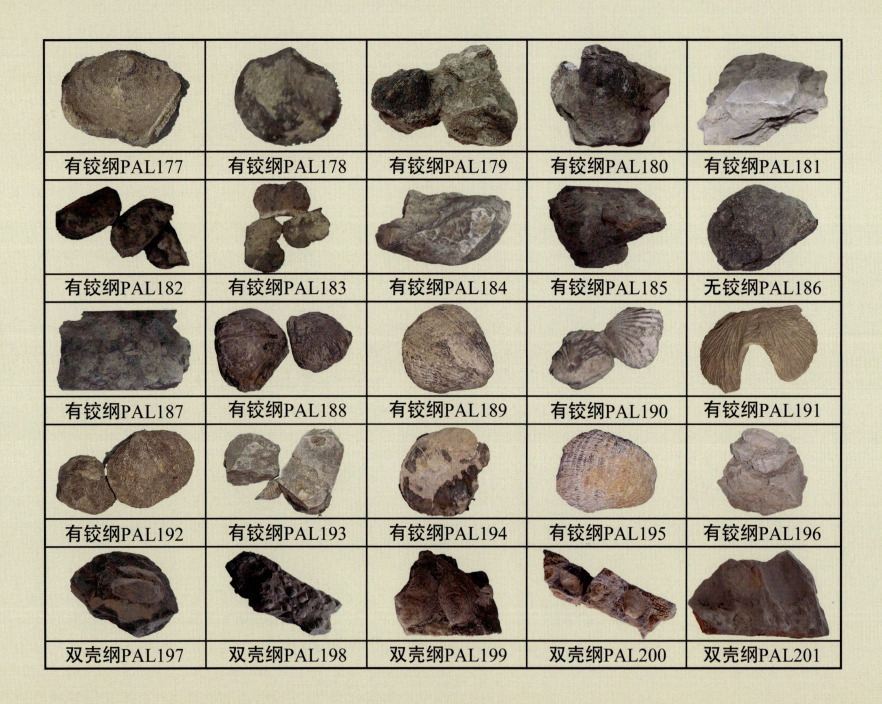

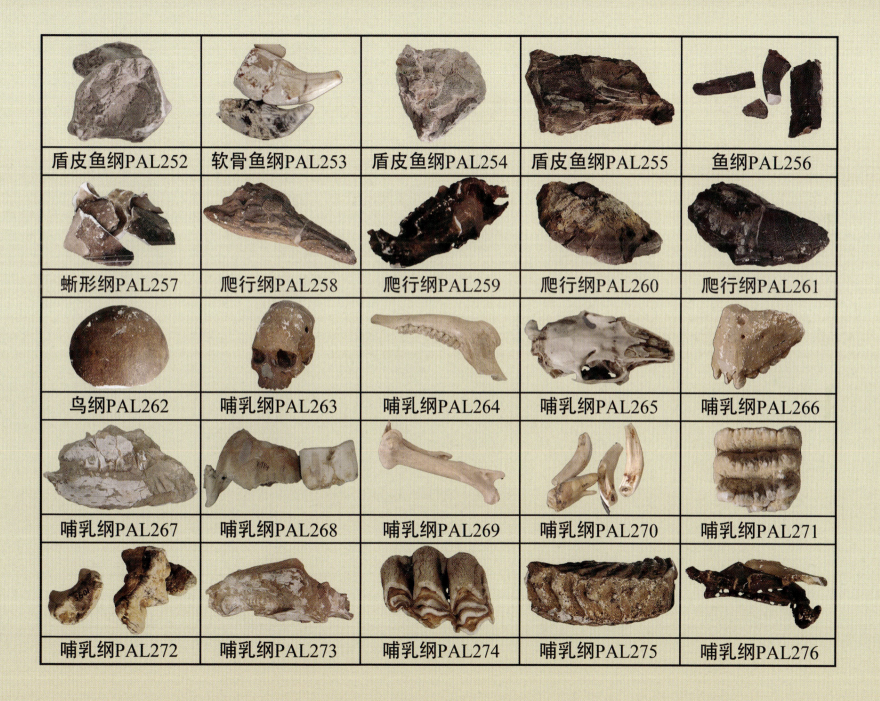

其他化石

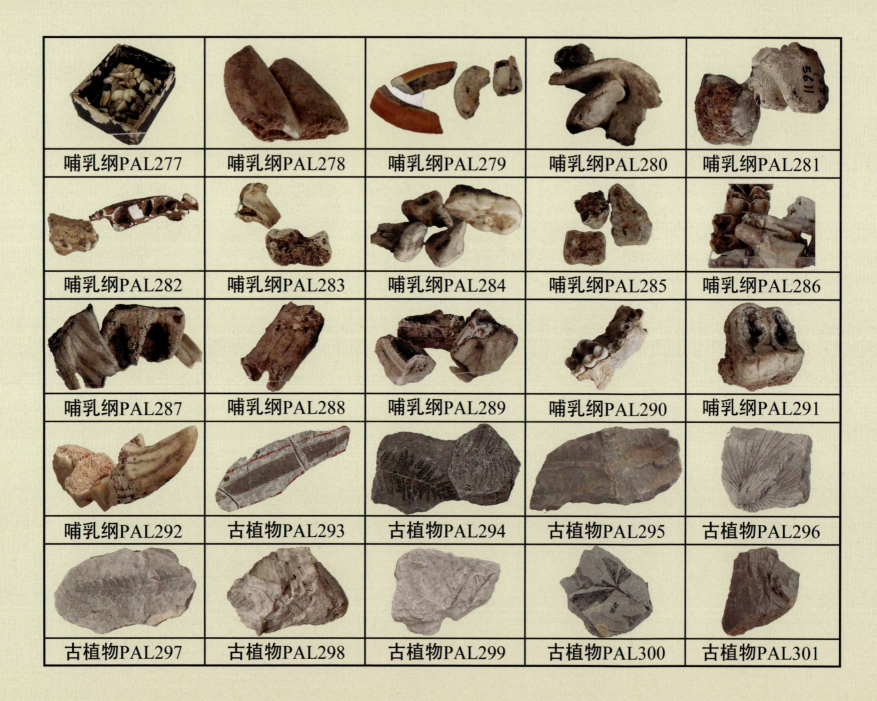

岩画艺术篇

中山大学地球科学与工程学院
岩矿古生物教学实习中心

本馆的石材工艺主要以石拼图为主,其特色在于"新、巧、精",构思奇特,搭配巧妙,贴近自然,注重形态和质感的和谐。这些石艺产品文化价值高,犹如一幅五彩斑斓的画。结合石片的天然纹理,石雕工匠创作出了栩栩如生的天然石板画。

大自然赋予石头无尽的生命力,观者可在石艺海洋里领略它们生命的张力,享受石文化带来的无限魅力。艺术灵感与石材的天然纹路巧妙结合,青山、绿水、朝阳、帆船、松柏、飞鸟等在石面上悉数呈现,石上有画,画中有石,惟妙惟肖。

画面和图纹自然天成,但从切割、画面剪裁到打磨、配饰等环节又无不渗透着工匠师傅们的艺术匠心,考验着加工者的艺术修为。所以自古以来,相石、开石、磨石、取景与裁剪都是石画开发与制作中最难的事情,每一件石画作品的完成都是艺术与大自然的完美融合。

编号：SHYSG-1

编号：SHYSG-2

岩画艺术篇

编号：YSG-1

编号：YSG-2

编号：YSG-3

编号：YSG-4

编号：YSG-6

编号：YSG-7

编号：YSG-5

编号：YSG-8

编号：YSG-10

编号：YSG-11

编号：YSG-9

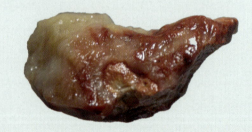

编号：YSG-12

岩画艺术篇

编号：YSG-13

编号：YSG-14

编号：YSG-15

编号：YSG-16

编号：YSG-17

编号：YSG-18

编号：YSG-19

编号：YSG-20

编号：YSG-21

编号：YSG-22

编号：YSG-23

岩画艺术篇

编号：YSG-24

编号：YSG-25

编号：YSG-26

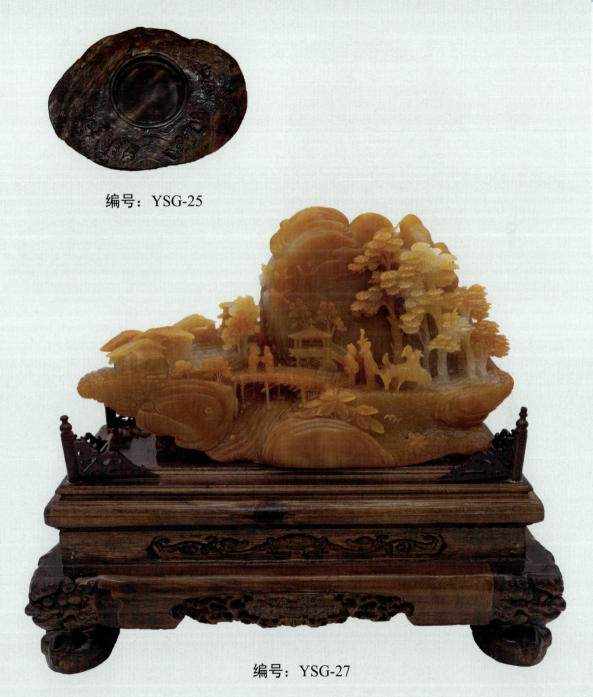

编号：YSG-27

169

编号：YSG-28

编号：YSG-29

编号：YSG-30

编号：YSG-31

编号：YSG-32

岩画艺术篇

编号：SHYSG-3

编号：SHYSG-4

编号：SHYSG-8　　　　　　　　　编号：SHYSG-9　　　　　　　　　编号：SHYSG-10

编号：SHYSG-11　　　　　编号：SHYSG-12　　　　　编号：SHYSG-13

编号：SHYSG-14　　　　　　　　编号：SHYSG-15　　　　　　　　编号：SHYSG-16

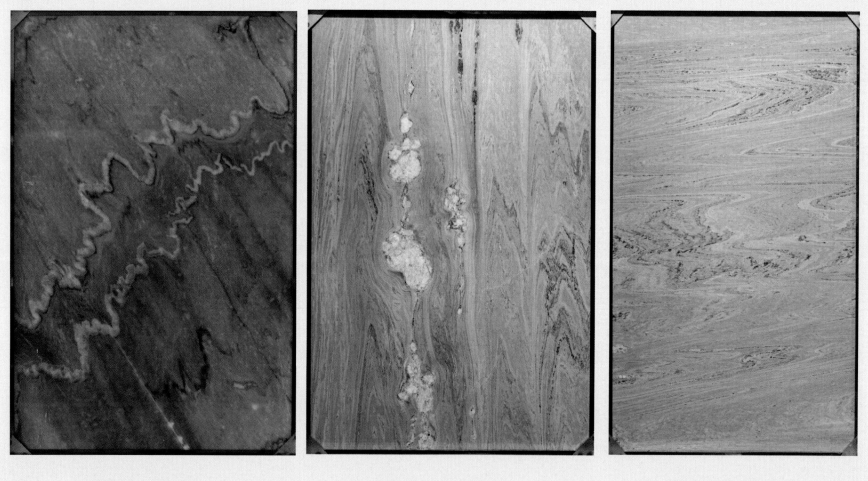

编号：SHYSG-17　　　　　　编号：SHYSG-18　　　　　　编号：SHYSG-19

编号：SHYSG-20　　　　　　　　　　　　　　编号：SHYSG-21

岩画艺术篇

编号：SHYSG-22

编号：SHYSG-23

编号：SHYSG-24

编号：SHYSG-25

编号：SHYSG-38　　　　编号：SHYSG-39　　　　编号：SHYSG-40

编号：SHYSG-41　　　　编号：SHYSG-42　　　　编号：SHYSG-43

编号：SHYSG-44　　　　编号：SHYSG-45　　　　编号：SHYSG-46

编号：SHYSG-47　　　　编号：SHYSG-48　　　　编号：SHYSG-49

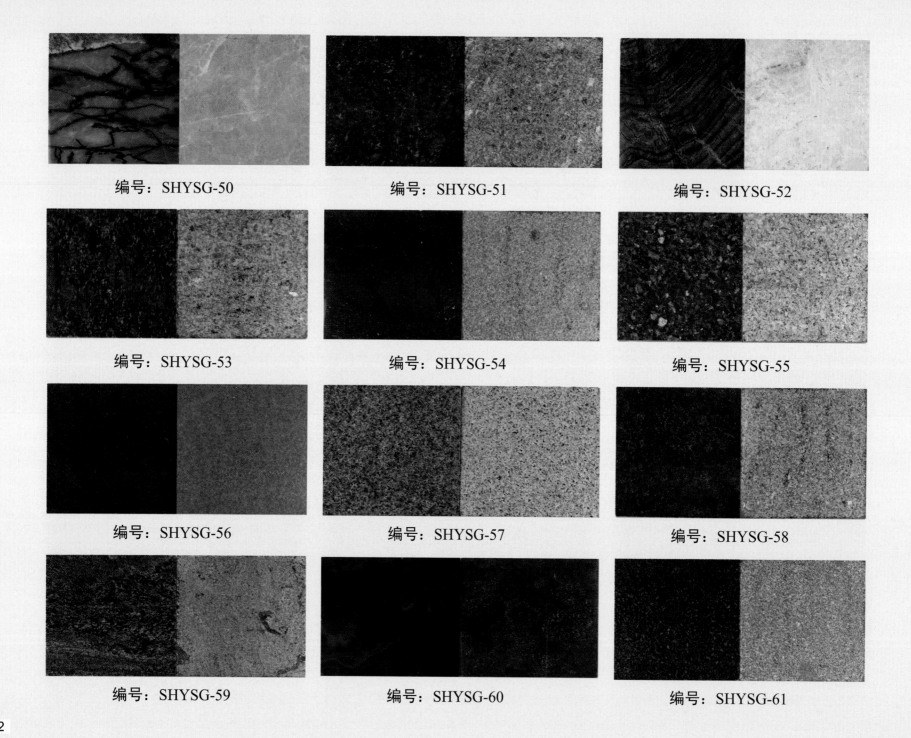

硅化玉木篇

中山大学地球科学与工程学院
岩矿古生物教学实习中心

常识中，史前的树木和其他植物被埋在地下，在地下的高温、高压作用下会成为煤炭。但是，在两种情况下，这些树木会成为硅化木：一是在火山喷发时被火山灰掩埋；二是被富含硅质的地下水淹没。

它们与氧气隔绝，免遭细菌分解，火山灰或水中的二氧化硅逐渐渗入树木，一点点代替原来的有机质成分，最后使树木变成化石，这就是我们现在看到的硅化木。

我国古代就有对硅化木的记载。公元645年，大唐玄奘法师从天竺取经带回三样宝物：佛经、舍利子以及产自西域的石化"神木"。后世学者认为这种石化"神木"就是硅化木。北宋沈括在《梦溪笔谈》中，记载有"松化为石"的硅化木。

从收藏的角度来说，好的硅化木兼有化石之秘、奇石之美和玉石之润，除了可制作各种摆件外，还可以切割琢磨成各种硅化木首饰。有人说，佩戴这样的首饰，收藏这样的摆件，可以感悟地球亿万年的生命历程，增进灵感，树立信心，洞悉宇宙之奥秘。

黄色硅化木

硅化木

硅化木是快速埋藏于地下的树木被 SiO_2 交代,经历亿万年的地壳运动逐渐形成的。因此,硅化木是石化了的古植物遗体,是保留了木质结构外观的木化石,其质地细、坚硬,具有色泽丰富又清晰的纹路,古拙典雅,历经沧桑,刚直有力,成为制作山石盆景、装饰工艺品、首饰的绝佳材料。

基本特征:硅化木为隐晶质-粒状结构,木质纤维状、木纹状、年轮状构造。常见有浅黄至黄、红、黄褐、红褐、褐、棕、黑、灰、白等颜色,抛光面具玻璃光泽,不透明或微透明。硬度高,莫氏硬度为7。

硅化木矿物组成主要为石英类矿物,根据其结晶程度和石化程度的不同,可有隐晶质石英、玉髓、蛋白石,并含有少量的方解石、白云石、褐铁矿或黄铁矿等矿物。

硅化木的化学组成主要为 Si 和 O,少量的 H、Fe、Ca、Mg、Al、P 等其他元素。

主要种类:硅化木按物质成分及 SiO_2 存在的状态可分为普通硅化木、玉髓硅化木、蛋白石硅化木、钙质硅化木等。

红色硅化木

蛋白石硅化木

(1) 普通硅化木。以隐晶质石英为主,颜色与树木原来的颜色有关,而且木质的内部结构清晰可见。

(2) 玉髓硅化木。以玉髓为主,质地坚硬,外观上像玛瑙,颜色有灰、黑、褐、绿、红等,木质结构仍较明显。

(3) 蛋白石硅化木。以蛋白石为主,质地致密,颜色较浅,有灰、灰白、浅土黄色等,木质结构也较明显。

(4) 钙质硅化木。以隐晶质石英为主,但伴有少量钙质,如方解石、白云石等。

质量评价:硅化木的质量可以从颜色、质地、造型三个方面进行评价。优质的硅化木在颜色上需满足鲜艳、绚丽多彩、反差大、光泽强等多个条件;在质地上,需达到致密、细腻、坚韧的标准;在造型上,要求完整,有枝节、年轮,木质结构清晰。

主要产地:硅化木的主要产地有欧洲、美国、古巴、缅甸等。中国的主要产地是新疆、河北、云南、山东、甘肃、福建、辽宁等地。硅化木主要赋存于中生代陆相地层中,以松柏类为主;新生代地层中的硅化木则以被子植物为主。2001年新疆制定了国内第一部与硅化木有关的地方法规《硅化木保护条例》。

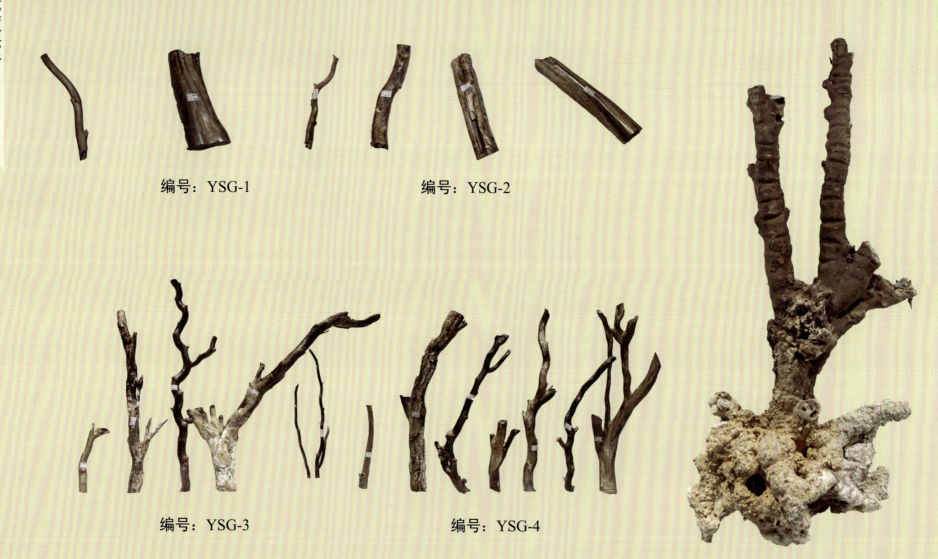

编号：YSG-1

编号：YSG-2

编号：YSG-3

编号：YSG-4

编号：YSG-5

硅玉化木篇

编号：GHMG-1

编号：GHMG-2

编号：GHMG-3

编号：GHMG-4

编号：GHMG-5

编号：GHMG-6

编号：GHMG-7

编号：GHMG-8

编号：GHMG-9

编号：GHMG-10

编号：GHMG-11

编号：GHMG-12

编号：GHMG-13

编号：GHMG-14、15

编号：GHMG-16

编号：GHMG-17

编号：GHMG-18

编号：GHMG-19

编号：GHMG-20

编号：GHMG-21

编号：GHMG-22

硅玉化木篇

编号：GHMG-23

编号：GHMG-24

编号：GHMG-25

编号：GHMG-26

编号：GHMG-27

编号：GHMG-28

编号：GHMG-29

编号：GHMG-30

编号：GHMG-31

编号：GHMG-32

编号：GHMG-33

编号：GHMG-34

编号：GHMG-35

编号：GHMG-36

编号：GHMG-37

编号：GHMG-38

编号：GHMG-39

编号：GHMG-40

编号：GHMG-41

编号：GHMG-42

编号：GHMG-43

编号：GHMG-44

编号：GHMG-45

编号：GHMG-46

编号：GHMG-47

编号：GHMG-48

编号：GHMG-49

编号：GHMG-50

编号：GHMG-51

编号：GHMG-52

编号：GHMG-53

编号：GHMG-54

编号：GHMG-55

编号：GHMG-56

编号：GHMG-57

编号：GHMG-58

编号：GHMG-59

编号：GHMG-62

编号：GHMG-61

编号：GHMG-62

编号：GHMG-63

编号：GHMG-64

编号：GHMG-65

编号：GHMG-66

编号：GHMG-67

编号：GHMG-68

编号：GHMG-69

编号：GHMG-70

编号：GHMG-71

编号：GHMG-72

编号：GHMG-73

编号：GHMG-74

编号：GHMG-75

编号：GHMG-76

编号：GHMG-77

编号：GHMG-78

编号：GHMG-79

编号：GHMG-80

编号：GHMG-81

硅玉化木篇

 编号：GHMG-83
 编号：GHMG-84
 编号：GHMG-85
 编号：GHMG-86

 编号：GHMG-87
 编号：GHMG-88
 编号：GHMG-89
 编号：GHMG-100

 编号：GHMG-101
 编号：GHMG-102
 编号：GHMG-103
 编号：GHMG-104

编号：GHMG-105

编号：GHMG-106

编号：GHMG-107

编号：GHMG-108

编号：GHMG-109

编号：GHMG-110

编号：GHMG-111

编号：GHMG-112

编号：GHMG-113

编号：GHMG-114

编号：GHMG-115

编号：GHMG-116

编号：GHMG-83(2)

编号：GHMG-117

编号：GHMG-118

编号：GHMG-119

编号：GHMG-120

编号：GHMG-121

编号：GHMG-122

编号：GHMG-123

编号：GHMG-124

编号：GHMG-125

编号：GHMG-126

编号：GHMG-127

编号：GHMG-128

编号：GHMG-129

编号：GHMG-130

编号：GHMG-131

编号：GHMG-132

编号：GHMG-133

编号：GHMG-134

编号：GHMG-135

编号：GHMG-136

编号：GHMG-137

编号：GHMG-138

硅玉化木篇

编号：GHMG-139

编号：GHMG-140

编号：GHMG-141

编号：GHMG-148

编号：GHMG-142

编号：GHMG-143

编号：GHMG-144

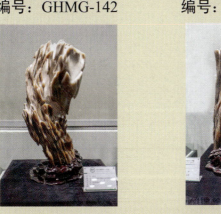

编号：GHMG-145

编号：GHMG-146

编号：GHMG-147

编号：GHMG-149

201

编号：GHMG-150

编号：GHMG-151

编号：GHMG-152

编号：GHMG-153

编号：GHMG-154

编号：GHMG-155

编号：GHMG-156

编号：GHMG-157

编号：GHMG-158

编号：GHMG-159

教学标本篇

中山大学地球科学与工程学院
岩矿古生物教学实习中心

火成岩、沉积岩和变质岩是地球的基本物质组成，而构造地质作用是物质运动和循环的最重要内生动力。因此，与之相关的火成岩岩石学、沉积岩岩石学、变质岩岩石学以及构造地质学，也成为地质学类专业的基础专业必修课程。

火成岩

火成岩亦称"岩浆岩"，是岩浆侵入地壳或喷出地表后冷凝而成的岩石，是组成地壳的主要岩石。常见的岩浆岩有花岗岩、花岗斑岩、流纹岩、正长岩、闪长岩、安山岩、辉长岩和玄武岩等。

沉积岩

沉积岩是在地表不太深的地方，将其他岩石的风化产物等经过水流、冰川或风的搬运、沉积成岩作用形成的岩石，占陆地出露面积的70%。常见的沉积岩有砾岩、砂岩、泥岩、页岩、灰岩、白云岩和硅质岩等。

变质岩

由地壳中的岩浆岩或沉积岩在一定的温压条件和化学活动性流体的作用下形成。常见的变质岩包括板岩、千枚岩、片岩、片麻岩、麻粒岩、大理岩等。

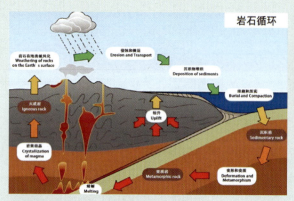

沉积岩（红色砂页岩）

火成岩（玄武岩）

褶皱构造

变质岩（板岩）

地质构造

地质构造是指在地球的内、外应力作用下，岩层或岩体发生变形或位移而遗留下来的形态。构造地质学是研究岩石的构造形态、空间分布和形成原因，从而揭示地壳运动规律的地质学分支学科。地质构造的具体表现为岩石的褶皱、断裂、劈理以及其他面状、线状构造。

教学标本篇

205

编号：JXBBG-1

编号：JXBBG-2

编号：JXBBG-3

编号：JXBBG-4

编号：JXBBG-5

编号：JXBBG-6

编号：JXBBG-7

编号：JXBBG-8

编号：JXBBG-9

编号：JXBBG-10

编号：JXBBG-11

编号：JXBBG-12

编号：JXBBG-13

编号：JXBBG-14

编号：JXBBG-15

编号：JXBBG-16

编号：JXBBG-17

编号：JXBBG-18

编号：JXBBG-19

编号：JXBBG-20

编号：JXBBG-21

编号：JXBBG-23

编号：JXBBG-22

编号：JXBBG-24

编号：JXBBG-25

编号：JXBBG-26

编号：JXBBG-27

编号：JXBBG-28

编号：JXBBG-29

编号：JXBBG-30

编号：JXBBG-31

编号：JXBBG-33

编号：JXBBG-32

编号：JXBBG-34

编号：JXBBG-35

编号：JXBBG-36

编号：JXBBG-37

编号：JXBBG-38

编号：JXBBG-39

编号：JXBBG-41

编号：JXBBG-40

编号：JXBBG-42

编号：JXBBG-43

编号：JXBBG-44

名称：块状铅锌矿石
编号：JXBBG-45

名称：块状黄铁矿石
编号：JXBBG-46

名称：条带状硫铁矿石
编号：JXBBG-47

馆藏标本编号：JXBBG001-999

名称：萤石
编号：JXBBG003

名称：含方解石脉灰岩
编号：JXBBG025

名称：孔雀石
编号：JXBBG058

名称：蓝铜矿
编号：JXBBG079

名称：螺旋笔石
编号：JXBBG123

名称：红杉
编号：JXBBG345

名称：文象花岗岩
编号：JXBBG645

名称：茂名龟
编号：JXBBG564

药用矿物篇

中山大学地球科学与工程学院
岩矿古生物教学实习中心

药用矿物指的是天然形成的无机矿物以及岩石，该类矿物作为中药使用已有悠久历史。

历代典籍中有许多确切的记载：东汉末年"医圣"张仲景所著《伤寒杂病论》中，记载药用矿物21味，含药用矿物药方计58方；明朝《本草纲目》把药用矿物分为三大类，共161种。

传统中医学与现代地质学对矿物的命名多有不一致处，同物不同名者比比皆是，同名不同物者亦有之。譬如，中药材中的"紫石英"实为萤石，"自然铜"实为黄铁矿，"长石"实为硬石膏。

药用矿物种类虽然相对较少，但仍令人大开眼界。

其来源多为天然矿物，如石膏、雄黄等；少数为史前动物的化石，如琥珀、龙骨等；还有天然矿物的加工品，如白矾、芒硝等。辰砂（或称朱砂），用于镇静安神；雄黄（或称石黄）用于解毒杀虫。

馆藏标本编号：YYKWG01-70

药用矿物篇

名称：绿松石（甸子石、松石、土耳其石）
用途：清热解毒，消炎止血，降低血压，对溃疡、心痛、肝炎有良好疗效。
编号：YYKWG-01

药用矿物篇

名称：方铅矿（密陀僧）

用途：咸、辛、平、有毒，主治湿疮疥癣、金枪溃疡、疮毒、无名肿毒。

编号：YYKWG-02

中山大学地球科学与工程学院
岩矿古生物教学实习指导书与图册

名称：胆矾（蓝矾、翠胆矾）
用途：催吐，解毒，祛腐，主治风痰堵塞、癫痫、牙疳口疮、烂弦风眼、痔疮。
编号：YYKWG-03

药用矿物篇

名称：蓝晶石

用途：止痛，降压，抗感染，天然止痛剂，可降血压，治疗发烧与感染，对泌尿及生殖系统感染有明显的缓解作用。

编号：YYKWG-04

名称：雄黄（明雄黄、鸡冠石）

用途：燥湿，祛风，杀虫，解毒（内服宜慎，不可久用，阴亏血虚，孕妇忌用）。

编号：YYKWG-06

名称：雌黄（黄金石、鸡冠石）

用途：解毒杀虫，燥湿怯痰（阴亏血虚及孕妇忌用），主治疮疗痈毒、蚊虫咬伤、虫积腹痛、疟疾。

编号：YYKWG-07

名称：青金石（金精石、青黛石、缪琳）
用途：治疗失眠、晕眩、头痛，降低血压，舒缓情绪，舒缓眼压，改善呼吸道疾病等。
编号：YYKWG-08

药用矿物篇

名称：高岭土（陶土、红高岭土）
用途：涩肠，止血，收湿，生肌，主治久泻、久痢、便血、脱肛、遗精、崩漏带下、溃疡。
编号：YYKWG-09

名称：紫水晶（紫石英）
用途：安神，养心，缓解头痛，排毒养颜；用于物理治疗时，促进激素产生，调节内分泌系统的新陈代谢。
编号：YYKWG-11

名称:电气石(碧玺、黑碧玺、西瓜碧玺)
用途:调节人体生物电,使病理点位恢复正常,促进新陈代谢,提高免疫力,防止辐射。电气石是天然太阳能电池,可吸收能量,故可为人体提供氧气和内在能量。
编号:YYKWG-13

名称:白铅矿(铅粉、铅白、白膏)
用途:消积,杀虫,解毒,生肌,主治疳积、下痢、虫积腹痛、疟疾、疥癣、痈疽溃疡、口舌生疮、丹毒、烫伤。
编号:YYKWG-14

名称：斑铜矿（紫铜矿）
用途：接骨续筋，主治骨折伤筋，降气坠痰，镇心利肺，外用，不内服。
编号：YYKWG-17

名称：尖晶石（大红宝石）

用途：尖晶石是一种极具能量的理疗矿物，可以提升人的悟性，振奋精神，红色提升身体活力，绿色激发爱心，蓝色让人心旷神怡。

编号：YYKWG-18

名称：磁黄铁矿

用途：有磁石和黄铁矿的双重药用价值，既可潜阳纳气，镇惊安神，又可散瘀止痛、节骨续脉，是治疗跌打损伤、头晕眩目之良方。

编号：YYKWG-19

中山大学地球科学与工程学院
岩矿古生物教学实习 指导书与图册

名称：黄铁矿（方块铜、石髓铅）
用途：散瘀止痛，接骨续筋，主治跌打损伤、筋骨断折、血瘀疼痛、瘿瘤烫伤。
编号：YYKWG-20

药用矿物篇

名称：辰砂（朱砂、丹砂、汞砂）

用途：安神，定惊，明目，解毒，主治癫狂、惊悸、心烦、失眠、眩晕目昏、肿毒、疮疡、疥癣。

编号：YYKWG-21

名称：蓝铜矿（石青、大青、碧石）

用途：怯痰，催吐，破积，主治癫痫、惊风目痛、创伤、痈肿。

编号：YYKWG-22

名称：天河石（长石）

用途：天河石是健康养生理疗的理想矿物，它不仅因为其内部含有大量人体所需的微量元素而具有美容养颜、美肤的作用，同时因其色彩美丽使人气质倍增，使之自信、高雅而健康。

编号：YYKWG-23

名称：绿帘石（绿色石）

用途：安神，主要用于物理治疗，可平衡心血管系统及内循环系统，消除情绪障碍。

编号：YYKWG-25

名称：阳起石（羊起石、壮阳石）

用途：温补命门，壮阳补中，主治下焦虚寒、腰膝冷痹、男子阳痿、女子宫冷。

编号：YYKWG-26

名称：红玉髓（红玛瑙）

用途：清热解毒，安神润肺，养发养脾。

编号：YYKWG-28

名称：锂云母（金精石、银精石）

用途：镇惊安神，明目去翳，主治目疾翳障、心悸翳忡、疫不安眠。

编号：YYKWG-29

名称：透石膏（生石膏、软石膏）

用途：解肌清热，除烦止渴（生），生肌敛疮（熟），痈疽疮疡（脾胃虚寒及血虚者忌用，阴虚发热者忌服），主治高热不退、心神烦昏、口渴咽干、肺热、盗汗、头痛、牙痛、热毒生疮、溃不收口、汤火烫伤。

编号：YYKWG-30

名称：软锰矿（元异名、黑石子等）

用途：去瘀止痛，消肿生肌，主治跌打损伤、金疮痈肿。

编号：YYKWG-31

名称：磁铁矿（慈石、吸铁石、指南石等）
用途：潜阳纳气，镇惊安神，主治头目眩晕、耳鸣耳聋、虚喘惊痫。
编号：YYKWG-32

药用矿物篇

名称：玛瑙（马脑）
用途：主辟恶，主治熨目赤烂。
编号：YYKWG-36

名称：珊瑚化石（珊瑚石）
用途：清热解毒，利咽消肿，降血压，主治目生翳障、癫痫、吐衄、烧烫伤、咽喉肿痛、口舌生疮等。
编号：YYKWG-35

名称：腕足动物石燕化石（石燕子、燕子石、大石燕）
用途：除湿热，利小便，退目翳，主治淋病、小便不通、带下、血尿、肠风痔漏、眼目障翳。
编号：YYKWG-38

药
用
矿
物
篇

名称：龙齿化石（龙牙、青龙牙）
用途：镇惊安神，除烦热，主治惊悸、痫癫狂、烦热不安、失眠多梦。
编号：YYKWG-39

名称：褐铁矿（禹粮石）

用途：涩肠止血，主治久泻久痢、崩漏带下、痔漏。

编号：YYKWG-40

名称：石英（白石英）

用途：主治肺寒咳嗽、阳痿消渴、心神不安、惊悸善忘、风寒湿痹、小便不利、黄疸。

编号：YYKWG-41

名称：褐铁矿结核（木鱼石）
用途：提升人体免疫力，延缓衰老，防癌。
编号：YYKWG-46

名称：火山浮岩（浮石、浮海石、海南石）
用途：清肺热，化老痰（虚寒咳嗽忌服），主治痰热喘嗽、老痰积块、瘿瘤、淋病、疝气、疮肿目赤。
编号：YYKWG-45

名称：砷黄铁矿（红信石、红砒）

用途：大毒之品，用之极慎，孕妇及体虚者忌用，外用蚀疮去毒腐，但不可过量和久用，内服劫痰平喘。

编号：YYKWG-47

名称：滑石（原滑石、飞滑石）
用途：清热渗湿，利窍去烦，主治暑热烦渴、小便不利、热痢、淋病、黄疸、水肿、脚气、皮肤湿烂。
编号：YYKWG-48

名称：黑曜岩（砭石）

用途：安神，调理气血，疏通经络。

编号：YYKWG-49

名称：翠榴石（绿石榴石）

用途：改善血循环系统障碍，用于理疗保健，具美容养颜、缓解疲劳之效，同时还具有强大的抗氧化、抗炎效应。

编号：YYKWG-52

名称：方解石（解石、红方解石）
用途：清热泻火，除烦止渴，收敛生肌，主治壮热不退、口渴烦燥、肺热咳喘、胃火上炎之头痛、牙疼、水火烫伤、创伤不收口。
编号：YYKWG-53

名称：蒙脱石（膨润土、脱斑岩）
用途：主治急慢性腹泻（对儿童急性腹泻有特效）、结肠炎、食管炎、胃炎、胃痛、便秘等。
编号：YYKWG-54

名称：方铅矿（密陀僧）
用途：咸、辛、平、有毒，主治湿疮疥癣、金枪溃疡、疮毒、无名肿毒。
编号：YYKWG-55

名称：自然铜（黄铁石）
用途：辛、平，驳骨，活血化瘀，主治腰痛、跌扑骨折、骨折修复后伤处肿痛。
编号：YYKWG-56

名称：片状石膏（玄英石、阴精石）
用途：滋阴降火，软坚化痰，主治阳盛阴虚、壮热烦渴、头风脑痛、咽喉生疮、目赤障翳。
编号：YYKWG-57

名称：滑石片岩（阴起石、阴石）
用途：利尿通淋，清热解毒，收湿敛疮。
编号：YYKWG-58

药用矿物篇

名称：寿山石（芙蓉石）
用途：滋养身体，改善睡眠，舒缓心情，增强心脏及肺功能健康，安神益气。
编号：YYKWG-59

名称:毒砂(礜石、青分石、白石)

用途:消冷积,祛湿寒,蚀恶肉,杀虫,主治痼冷腹痛、风冷湿痹、痔瘘息肉、恶疮癣疾。

编号:YYKWG-60

名称：葡萄石（葡萄玛瑙）
用途：改善人体血液循环，恢复大脑记忆，美颜美容，缓解疲劳，释放压力，改善贫血和血弱，被称为"健康之石"。
编号：YYKWG-61

名称：黑云母片岩（青礞石、白礞石）
用途：坠痰下气，平肝消食，主治顽疾胶结、咳逆喘息、癫痫发狂、烦躁胸闷、惊风抽搐。
编号：YYKWG-62

名称：硬石膏（方石、土石、长石）
用途：利小便，通血脉，明目祛翳，主治风热目疾、胃中结气、小便不利。
编号：YYKWG-64

其他馆藏

中山大学地球科学与工程学院
岩矿古生物教学实习中心

虚拟仿真 虚拟仿真实验室可让学生直面传统理论实体教学的问题，致力构建出"知识传授＋虚拟仿真＋实验操作"的实验教学体系。学生借助"虚拟仿真"更全面地学习地质知识，提升对地球内部动力过程的认识，同时向社会大众传播"地学之美"。

捐赠 本馆藏品主要由校友、系友以及目前中山大学地球科学与工程学院教职工团队捐赠。本馆展出的标本有恐龙蛋、和田玉、特色岩石和矿物标本等。

地震速报 地震速报是指在地震发生后，地震工作部门快速测定地震发生的时间、地点、震级及影响等信息，并向政府部门报告和向社会公众公布的行为。目前，我国已经实现了国内地震2min自动速报、10min正式速报。速报结果通过电视、广播、网站、微博和移动应用等方式发布。

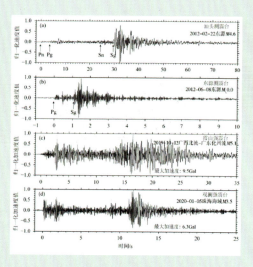

院史文物 本馆陈列的均是前辈们教学和科研中使用过的仪器、设备和用品，每一件物品都凝聚着老师们奋斗奉献的精神风范，是学院历经风雨、不断前行的最好见证和院史文物，它们将激励新时代地球科学与工程学院师生们继续砥砺前行、再攀高峰。

虚拟仿真

捐赠

馆藏标本编号：DKJZG001-103

捐赠

张培震老师团队捐赠（标本：DKJZG001-010）

名称：恐龙蛋

编号：DKJZG001

名称：介形类、轮藻

编号：DKJZG003

成秋明老师团队捐赠（标本：DKJZG011-016）

名称：闪长玢岩

编号：DKJZG011

名称：西南天山重熔花岗岩

编号：DKJZG014

1984级校友孙继敏捐赠（标本：DKJZG017-021）

名称：玛瑙
编号：DKJZG018

名称：和田玉
编号：DKJZG021

何晓钟书记捐赠（标本：DKJZG022-026）

名称：香花石
编号：DKJZG022

名称：砗磲
编号：DKJZG023

王岳军老师团队捐赠（标本：DKJZG027-036）

名称：闪锌矿与方解石
编号：DKJZG028

名称：重晶石和石英
编号：DKJZG029

黄康有老师团队捐赠（标本：DKJZG037-047）

名称：松属

编号：DKJZG038

名称：心叶椴

编号：DKJZG039

捐赠

名称：石陨石
编号：DKJZG050

名称：铁陨石
编号：DKJZG052

陨石标本由沈文杰老师团队捐赠（标本：DKJZG048-054）
化石标本由师超凡老师团队捐赠（标本：DKJZG055-058）

名称：中国沫蝉
编号：DKJZG056

名称：蛇蠊
编号：DKJZG057

周永章老师团队捐赠　　　　　　　　　　　曹建劲老师团队捐赠

郑义老师团队捐赠

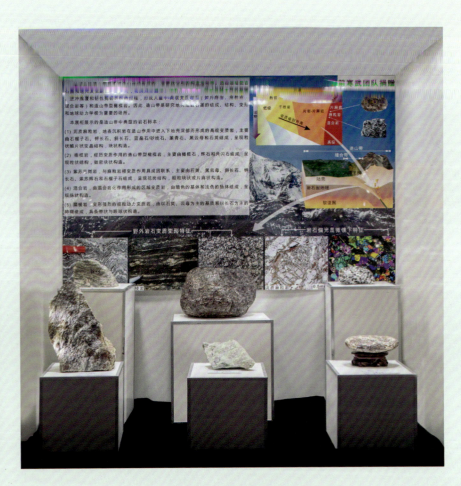

前寒武团队捐赠

象牙展品（标本：DKJZG087-092）

编号：DKJZG-091

编号：DKJZG-092

地震速报

院史文物

馆藏标本编号：YSWWG01-50

名称：显微镜
编号：YSWWG01

名称：分析天平
编号：YSWWG02

名称：打字机
编号：YSWWG03

名称：微电激光仪
编号：YSWWG04

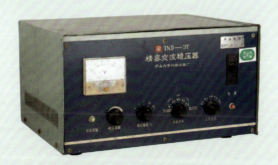

名称：精密交流稳压器
编号：YSWWG05

名称：轻便X射线荧光仪
编号：YSWWG06

附 录

中山大学地球科学与工程学院
岩矿古生物教学实习中心

附录

柜号	层数	名称	编号	产地
C01	1	自然银	JXBB-01	湖北大沿
		自然金	JXBB-02	浙江遂昌
		硫磺	JXBB-03	
		自然硫	JXBB-04	
		石墨	JXBB-05	
	2	辰砂	JXBB-06	
		辰砂晶体	JXBB-07	
		雌黄	JXBB-08	
		雌黄雄黄共生	JXBB-09	
		雄黄	JXBB-10	
		梳状雄黄	JXBB-11	湖北石门
	3	黄铜矿	JXBB-12	
		斑铜矿	JXBB-13	
		辉铜矿	JXBB-14	湖北大沿
		毒砂晶体	JXBB-15	
		黄铁矿	JXBB-16	
		黄铁矿晶簇	JXBB-17	湖南上堡
	4	车轮矿	JXBB-18	
		辉锑矿	JXBB-19	
		闪锌矿	JXBB-20	
		方铅矿	JXBB-21	湖南常宁
		银铅矿	JXBB-22	
	5	辉钼矿	JXBB-23	
		黝锡矿	JXBB-24	
		铬铁矿矿石	JXBB-25	西藏罗布莎
		针赤铜矿	JXBB-26	安徽铜陵

柜号	层数	名称	编号	产地
C01	5	镍铜矿	JXBB-27	甘肃金川
	6	闪锌矿	JXBB-28	
C-05	1	冰洲石	JXBB-29	
		钙质结核（陡山沱组）	JXBB-30	
		孔雀石	JXBB-31	
		白云石	JXBB-32	
		菱铁矿	JXBB-33	
	2	菱形方解石	JXBB-34	
		菱镁矿	JXBB-35	
		柱状方解石	JXBB-36	湖南莱阳
		蓝铜矿	JXBB-37	
		黄钾铁矾	JXBB-38	安徽铜陵
		菱铁矿	JXBB-39	
		黄河矿	JXBB-40	内蒙古包头
		毒重石	JXBB-41	
		凝灰石	JXBB-42	安徽马鞍山
		硼镁铁矿	JXBB-43	辽宁大石桥
	3	白垩石	JXBB-44	山东诸城
		孔雀石	JXBB-45	湖北大沿
		硅藻土	JXBB-46	浙江新昌
		蓝铜矿	JXBB-47	湖北大沿
		石钟乳	JXBB-48	
	4	膨润土	JXBB-49	浙江临安
		孔雀石	JXBB-50	
		符山石	JXBB-51	广西平桂
		柱状方解石	JXBB-52	

柜号	层数	名称	编号	产地	柜号	层数	名称	编号	产地
C-05	4	斜长石	JXBB-53	山东莱阳	C-11	4	夕线石	JXBB-80	河南淅川
		文石	JXBB-54				碧玉	JXBB-81	浙江杭州
		菱铁矿	JXBB-55	江苏铜井			硅灰石	JXBB-82	
		鳞片状石墨	JXBB-56	山东南墅		5	蓝闪石	JXBB-83	
		菱镁矿	JXBB-57	辽宁海域			透辉石	JXBB-84	
	5	镍铁矿	JXBB-58	吉林白城			硅灰石	JXBB-85	
		白云石	JXBB-59			6	普通辉石	JXBB-86	
		硬锰矿	JXBB-60	湖南湘潭	A8	1	绿脱土	JXBB-87	安徽马鞍山
		文石	JXBB-61				海泡石	JXBB-88	湖南浏阳
		方解石	JXBB-62				高岭土	JXBB-89	
		水锌矿	JXBB-63	浙江余杭			粗晶高岭土	JXBB-90	
	6	菱锰矿	JXBB-64				叶腊石	JXBB-91	浙江青田
		方解石	JXBB-65				珍珠石	JXBB-92	浙江缙云
		黄河矿	JXBB-66				绿泥石	JXBB-93	
		柱状方解石	JXBB-67			2	鱼眼石	JXBB-94	
C-11	1	普通辉石	JXBB-68	安徽明光			金云母与石英	JXBB-95	
		钙铁辉石	JXBB-69	安徽繁昌			锂云母	JXBB-96	
		普通辉石	JXBB-70				蛇纹石	JXBB-97	
		透辉石	JXBB-71				白云母	JXBB-98	
		古铜辉石	JXBB-72	湖北永德			高岭石	JXBB-99	
	2	蔷薇辉石	JXBB-73	美国		3	蒙脱石	JXBB-100	
		紫苏辉石	JXBB-74				铁锂云母	JXBB-101	
		霓辉石	JXBB-75				黑云母	JXBB-102	
	3	石棉	JXBB-76				紫云母	JXBB-103	新疆
		蓝石棉	JXBB-77				滑石	JXBB-104	
		蓝石棉	JXBB-78	内蒙古包头		4	岫玉	JXBB-105	辽宁岫岩
	4	阳起石	JXBB-79	安徽义乌鞍			滑石	JXBB-106	

柜号	层数	名称	编号	产地	柜号	层数	名称	编号	产地
A8	4	绿泥石	JXBB-107		3		正长岩	JXBB-134	
		蓝晶石	JXBB-108				石英正长岩	JXBB-135	
		海绿石	JXBB-109	山东博山			霞石正长岩	JXBB-136	
		符山石晶体	JXBB-110				苏长岩	JXBB-137	
	5	伊利石	JXBB-111		A6	4	银杏花园辉长岩含黑云母长英质脉体	JXBB-138	
		蒙脱石	JXBB-112				辉绿岩	JXBB-139	
		高岭土	JXBB-113				辉长岩	JXBB-140	
A6	1	花岗岩	JXBB-114				安山岩	JXBB-141	
		斜长花岗岩	JXBB-115				凝灰岩	JXBB-142	
		斑状花岗岩	JXBB-116				辉石岩	JXBB-143	
		白云母斜长花岗岩	JXBB-117				金伯利岩	JXBB-144	
	2	二长花岗岩	JXBB-118				橄榄岩	JXBB-145	
		正长花岗岩	JXBB-119				长英质脉体与玄武岩	JXBB-146	
		黑云母二长花岗岩	JXBB-120				石英正长岩	JXBB-147	
		细粒花岗岩	JXBB-121			5	流纹岩	JXBB-148	
		三灶岛二长花岗岩	JXBB-122				粗面岩	JXBB-149	
		角闪石花岗岩	JXBB-123				安山岩	JXBB-150	
		文象花岗岩	JXBB-124				玄武岩	JXBB-151	
		斜长花岗岩	JXBB-125				火山灰	JXBB-152	
		斑状正长花岗岩	JXBB-126				金伯利角砾岩	JXBB-153	
		花岗斑岩	JXBB-127				火山弹	JXBB-154	
	3	辉长岩	JXBB-128				浮岩	JXBB-155	
		银杏花园花岗闪长岩	JXBB-129				松脂岩	JXBB-156	
		闪长岩	JXBB-130				珍珠岩	JXBB-157	
		绿泥石化花岗岩	JXBB-131				伟晶岩	JXBB-158	
		石英闪长岩	JXBB-132				黑曜岩	JXBB-159	
		闪长岩	JXBB-133						

柜号	层数	名称	编号	产地	柜号	层数	名称	编号	产地
A6	6	辉绿岩	JXBB-160				白铁矿	JXBB-187	
		玄武岩	JXBB-161				琥珀	JXBB-188	
		花岗岩	JXBB-162				硬锰矿	JXBB-189	
		辉石岩	JXBB-163				针钠钙石	JXBB-190	
C-17	1	蒙脱石	JXBB-164			3	赤铁矿	JXBB-191	
		独居石	JXBB-165				微斜长石	JXBB-192	美国
		冰洲石	JXBB-166	广东连山			辉锑矿	JXBB-193	广西河池
		滑石	JXBB-167				辰砂	JXBB-194	湖南
		孔雀石	JXBB-168				蓝铜矿	JXBB-195	
		孔雀石、蓝铜矿、赤铜矿	JXBB-169				块状锡矿石	JXBB-196	广西九毛
		蛭石	JXBB-170		C-17	4	雄黄	JXBB-197	
		蓝铜矿	JXBB-171				发晶	JXBB-198	美国
		凝灰石	JXBB-172				红柱石	JXBB-199	
		胆矾	JXBB-173				绿帘石	JXBB-200	
	2	闪锌矿	JXBB-174	广西临桂			蓝晶石	JXBB-201	
		钟乳石	JXBB-175				电气石	JXBB-202	
		铬铅矿	JXBB-176				硼镁铁矿	JXBB-203	
		碳酸锰矿	JXBB-177				黄河矿	JXBB-204	内蒙古白云鄂博
		硅孔雀石	JXBB-178						
		方铅矿	JXBB-179	美国			萤石	JXBB-205	
		黑钨矿	JXBB-180			5	滑石	JXBB-206	
		雌黄	JXBB-181	湖南省			透石膏	JXBB-207	
		多水高岭石	JXBB-182	江苏苏州			石墨	JXBB-208	
		水云母及高岭石	JXBB-183	江苏宜典			白铅矿	JXBB-209	
	3	孔雀石、胆矾	JXBB-184				辉铜矿	JXBB-210	
		玛瑙	JXBB-185				黄玉	JXBB-211	
		葡萄状硬锰矿	JXBB-186				文石	JXBB-212	

柜号	层数	名称	编号	产地
C-17	5	无水芒硝	JXBB-213	新疆达坂城
		南极石（针状石英）	JXBB-214	南极
		葡萄石	JXBB-215	美国
	6	黑钨矿	JXBB-216	
		透石膏	JXBB-217	
		明矾石晶体	JXBB-218	
		萤石	JXBB-219	
		方解石晶体	JXBB-220	
C-21	1	磁铁石英岩	JXBB-221	
		火山角砾岩	JXBB-222	
		块状石英（石英核）	JXBB-223	
		云英岩脉穿插砂卡岩	JXBB-224	
		方柱石片岩	JXBB-225	山西降县
		赤铁碧玉岩	JXBB-226	
		闪石岩	JXBB-227	山西繁峙
		绿泥石砂卡岩	JXBB-228	
		微斜长石伟晶岩	JXBB-229	
		硅灰石砂卡岩	JXBB-230	
		云英岩脉穿插砂卡岩化大理岩	JXBB-231	
		红柱石角岩	JXBB-232	
		堇青石角岩	JXBB-233	
		石榴石镁铁闪石岩	JXBB-234	辽宁弓长岭
		晶屑凝灰岩	JXBB-235	
	2	油页岩	JXBB-236	
		铝质泥岩	JXBB-237	
		碳质泥岩	JXBB-238	
		铁锂云母钠长石化花岗岩	JXBB-239	

柜号	层数	名称	编号	产地
C-21	2	细粒石英砂岩	JXBB-240	
		砾岩	JXBB-241	
		中粒长石砂岩	JXBB-242	
		泥灰岩	JXBB-243	
		粉砂岩	JXBB-244	
		角砾岩	JXBB-245	
		正石英岩	JXBB-246	
		锰质泥岩	JXBB-247	
		亮晶砾屑灰岩	JXBB-248	
		亮晶鲕粒灰岩	JXBB-249	
		辉锑矿	JXBB-250	云南
	3	紫苏黑云麻粒岩	JXBB-251	
		变粒岩	JXBB-252	
		含磁铁矿矽卡岩	JXBB-253	
		苏长岩	JXBB-254	
		南极岩石标本	JXBB-255	
		尖晶石斜长角闪岩	JXBB-256	
		南极岩石标本（麻粒岩）	JXBB-257	
		南极岩石标本（麻粒岩）	JXBB-258	
		辉绿玢岩	JXBB-259	
		二辉橄榄岩	JXBB-260	
		南极岩石标本（含尖晶石黑云母斜长片麻岩）	JXBB-261	
		二辉麻粒岩	JXBB-262	
		斜长角闪岩	JXBB-263	
		石英	JXBB-264	南极洲
		红柱石绢云母片岩	JXBB-265	
	4	硅质灰岩	JXBB-266	

柜号	层数	名称	编号	产地	柜号	层数	名称	编号	产地
C-21	4	石英绢云母蚀变岩（铜矿石）	JXBB-267		B5 上	1	混合岩	JXBB-291	
		混合岩化片岩	JXBB-268				片麻岩	JXBB-292	
		辉钼矿浸染于矽卡岩中	JXBB-269	辽宁省杨家杖子			崆岭群片麻岩	JXBB-293	
		花岗斑岩	JXBB-270				变粒岩	JXBB-294	
		绢云母千枚岩	JXBB-271				矽卡岩	JXBB-295	
		浸染状铜矿化砂岩	JXBB-272				板岩	JXBB-296	
		辉长玢岩	JXBB-273				片岩	JXBB-297	
		松脂岩	JXBB-274	河北张家口		2	眼球状混合岩	JXBB-298	
		黑曜岩	JXBB-275	河北崇礼			花岗片麻岩	JXBB-299	
		石榴子石花岗岩	JXBB-276	江苏苏州			变质砂岩	JXBB-300	
		火山角砾岩	JXBB-277				板岩	JXBB-301	
		火山集块岩	JXBB-278				页岩	JXBB-302	
		网脉状辉铜矿化灰岩	JXBB-279				崆岭群混合岩	JXBB-303	
		石英闪长玢岩	JXBB-280				滑石片岩	JXBB-304	
	5	含铜铅锌矿脉辉绿岩	JXBB-281			3	石英岩	JXBB-305	
		文象花岗岩	JXBB-282				二辉麻粒岩	JXBB-306	
		符山石矽卡岩	JXBB-283				片岩	JXBB-307	
		细粒脉状花岗岩	JXBB-284				蓝闪石片岩	JXBB-308	
		中粒花岗岩	JXBB-285				混合岩	JXBB-309	
		富钽伟晶岩	JXBB-286	福建西坑			角岩	JXBB-310	
	6	香花岩	JXBB-287	湖南省香花岭			糜棱岩	JXBB-311	
		冲刷构造	JXBB-288	广东三水		4	蓝晶石片岩	JXBB-312	
		黑钨矿与硫化物矿石	JXBB-289	江西省徐山			石榴石云母片岩	JXBB-313	
		灰色钙基膨润土	JXBB-290	广东南海罗村			石英岩	JXBB-314	
							绿柱石角岩	JXBB-315	
							黑云母变粒岩	JXBB-316	
							绿泥石片岩	JXBB-317	

柜号	层数	名称	编号	产地	柜号	层数	名称	编号	产地
C-21	5	白云岩	JXBB-318		C23	2	辉铋矿	JXBB-345	
		断层角砾岩	JXBB-319				滑石	JXBB-346	
		石英岩	JXBB-320				层解石	JXBB-347	
		混合岩	JXBB-321				黄铁矿结核	JXBB-348	
		大理岩	JXBB-322				孔雀石	JXBB-349	广东
	6	红柱石角岩	JXBB-323			3	云母赤铁矿	JXBB-350	
		大理岩	JXBB-324				硼镁铁矿	JXBB-351	
		断层角砾岩	JXBB-325				孔雀石	JXBB-352	
C23	1	浸染状铅锌黄铁矿石	JXBB-326				赤铜矿	JXBB-353	
		钟乳石	JXBB-327			4	石英晶簇	JXBB-354	广东番禺大石镇
		软锰矿	JXBB-328				铅锌矿石	JXBB-355	
		斑铜矿	JXBB-329				雌黄	JXBB-356	湖南
		蓝铜矿与孔雀石	JXBB-330				鲕状赤铁矿	JXBB-357	
		豆状赤铁矿	JXBB-331			5	冰洲石	JXBB-358	广东连山
		肾状赤铁矿	JXBB-332				石英层解石晶簇	JXBB-359	
		绿色萤石	JXBB-333				黄色钙铝基膨润土	JXBB-360	广东南天
		硬石膏	JXBB-334			6	磷锂铝石	JXBB-361	福建西坑
		条带状铅锌黄铁矿石	JXBB-335				黄绿色钙铝基膨润土	JXBB-362	广东南海罗村
		绿云母	JXBB-336				红色钙铝基膨润土	JXBB-363	广东南海罗村
		高岭土	JXBB-337	广东茂名			绿泥石化条带状铅锌铜矿石	JXBB-364	
		黄钾铁矾	JXBB-338	甘肃台艮厂	C-19	1	绿泥石片岩	JXBB-365	
	2	明矾石	JXBB-339				鸟眼构造	JXBB-366	
		叶钠长石-锂辉石伟晶岩	JXBB-340				钠长花岗岩	JXBB-367	
		含绿柱石伟晶岩	JXBB-341				角闪安山岩	JXBB-368	
		文象花岗岩	JXBB-342				红帘石片岩	JXBB-369	
		磁铁矿	JXBB-343						
		烟水晶	JXBB-344						

292

柜号	层数	名称	编号	产地	柜号	层数	名称	编号	产地
C-19	1	石榴石矽卡岩	JXBB-370		C-19	3	鲕状磷灰岩	JXBB-397	
		闪长岩	JXBB-371				细粒花岗岩	JXBB-398	
	2	泥晶生物骨灰岩	JXBB-372				石英岩	JXBB-399	
		细碧岩	JXBB-373				糖粒状磷灰岩	JXBB-400	
		条纹长石花岗岩	JXBB-374				正长斑岩	JXBB-401	
		条带状大理岩	JXBB-375			4	硅质页岩	JXBB-402	
		浮石	JXBB-376				致密状灰岩	JXBB-403	
		石英正长岩	JXBB-377				硬绿泥石片岩	JXBB-404	
		更长环斑花岗岩	JXBB-378				火山角砾岩	JXBB-405	
		辉石岩	JXBB-379				细碧岩	JXBB-406	
		伟晶岩	JXBB-380				花岗闪长斑岩	JXBB-407	
		假白榴石响岩	JXBB-381				含黄铁矿黄铜矿化千糜岩	JXBB-408	
		珍珠岩	JXBB-382				花岗岩	JXBB-409	
		碱性正长岩	JXBB-383				中粒花岗岩	JXBB-410	
		霓辉石-黑榴石霞石正长岩	JXBB-384				条带状混合岩	JXBB-411	
		辉石正长岩	JXBB-385				含放射状氧化锑辉锑矿硅化灰岩	JXBB-412	
		流纹岩	JXBB-386				脉石英垂直脉壁生长	JXBB-413	
		伟晶岩	JXBB-387				白云母石英片岩	JXBB-414	
	3	二长岩	JXBB-388				霓辉正长岩	JXBB-415	
		安山玢岩	JXBB-389				脉侧石英岩及钨锡石英脉	JXBB-416	
		斜长岩	JXBB-390			5	绿色条纹岩	JXBB-417	
		云霞岩	JXBB-391				角斑岩	JXBB-418	
		白云岩	JXBB-392				砂岩	JXBB-419	
		熔结凝灰岩	JXBB-393				断层角砾岩	JXBB-420	
		流纹质熔结凝灰岩	JXBB-394				紧闭型相似褶皱	JXBB-421	
		黑耀岩	JXBB-395				变余层理	JXBB-422	
		透长斑岩	JXBB-396						

柜号	层数	名称	编号	产地
C-19	6	构造透镜体	JXBB-423	
		流褶皱	JXBB-424	
		劈理	JXBB-425	
		A 型褶皱	JXBB-426	
		拉伸线理	JXBB-427	
		平行层理	JXBB-428	
		波痕	JXBB-429	
		槽状交错层理	JXBB-430	
		冲洗交错层理	JXBB-431	
B4 上	1	钛铁磷灰石	JXBB-432	
		油页岩	JXBB-433	
		藻煤	JXBB-434	
		锰结核	JXBB-435	
		苏长铁磷灰矿石	JXBB-436	
		毒砂与石英晶簇	JXBB-437	
		太平洋锰结核	JXBB-438	
		黄铁矿	JXBB-439	
	2	锡石与黄玉晶簇	JXBB-440	
		白云母	JXBB-441	
		玄武岩自然铜矿	JXBB-442	
		黑钨矿与石英晶簇	JXBB-443	
		浸染状铜矿石	JXBB-444	
		沉积性锰矿床	JXBB-445	
		铬铁矿与蛇纹石	JXBB-446	
		磁铁矿	JXBB-447	
	3	长烟煤	JXBB-448	
		菱铁矿黄铜矿	JXBB-449	

柜号	层数	名称	编号	产地
B4 上	3	宁乡市沉积铁矿床	JXBB-450	
		沉积型铁矿床	JXBB-451	
		金矿石	JXBB-452	
		含电气石石英	JXBB-453	
	4	肾状赤铁矿	JXBB-454	
		黑钨矿，白铁矿，含锰菱铁矿石英矿石	JXBB-455	
		披针形赤铁矿	JXBB-456	
		黄铁矿化石英脉金矿石	JXBB-457	
		黑钨矿，白铁矿，含锰菱铁矿	JXBB-458	
		火山蛋	JXBB-459	
		孔雀石	JXBB-460	
	5	浸染状铜镁硫化物矿石	JXBB-461	
		葡萄状硬锰矿	JXBB-462	
		石英晶体	JXBB-463	
		黄铁矿	JXBB-464	
		辉锑矿晶簇	JXBB-465	
	6	含铜硫化物石英脉	JXBB-466	
		含铌钽伟晶岩	JXBB-467	
		铬铁矿石	JXBB-468	
		磁铁矿石	JXBB-469	
		方铅矿，闪锌矿	JXBB-470	
C-25	1	阳起石	JXBB-471	
		孔雀石	JXBB-472	
		莫尔道玻璃陨石	JXBB-473	
		绿松石	JXBB-474	
		碧玺（电气石）	JXBB-475	

柜号	层数	名称	编号	产地	柜号	层数	名称	编号	产地
C-25	1	磁铁矿	JXBB-476		C-25	3	辰砂	JXBB-503	
		欧泊（蛋白石）	JXBB-477				方解石	JXBB-504	
		石榴子石	JXBB-478				辉锑矿晶簇	JXBB-505	
		鸡血玉	JXBB-479				石棉	JXBB-506	
		斜方沸石	JXBB-480				绿泥石	JXBB-507	
		雄黄方解石晶簇	JXBB-481				叶腊石	JXBB-508	
		硬锰矿	JXBB-482				水晶晶簇	JXBB-509	
		自然硫	JXBB-483				萤石	JXBB-510	
	2	普通角闪石	JXBB-484				高岭石	JXBB-511	
		长石	JXBB-485			4	金红石	JXBB-512	
		夕线石	JXBB-486				无标签	JXBB-513	
		橄榄石	JXBB-487				石英	JXBB-514	
		蔷薇辉石	JXBB-488			5	铁锂云母	JXBB-515	
		普通辉石	JXBB-489				白云母	JXBB-516	
		黑云母	JXBB-490				白云母	JXBB-517	
		辉钼矿	JXBB-491				金云母	JXBB-518	
		赤铜矿	JXBB-492			6	石膏晶体	JXBB-519	
		绿柱石晶体	JXBB-493				石膏晶体	JXBB-520	
		自然铜	JXBB-494				粗晶磁铁矿	JXBB-521	
		方铅矿	JXBB-495				致密块状磁铁矿	JXBB-522	
		石榴子石	JXBB-496						
		自然金	JXBB-497						
	3	硅灰石	JXBB-498						
		蓝铜矿	JXBB-499						
		石膏蛋白石玉髓	JXBB-500						
		水晶	JXBB-501						
		锑锗矿	JXBB-502						

编 后 语

本图册汇集了中山大学地球科学与工程学院地质矿物博物馆多年来馆藏的岩石、矿物、古生物、宝玉石等标本，是中山大学地球科学与工程学院所有师生及前辈们对大自然的敬畏和尊重的最佳表达，也是对地球过去、现在和未来孜孜求索的见证。特别感谢对当前馆藏样品做出巨大奉献的广东海关、广东省自然资源厅、中山大学等部门及以刘春莲、丘志力、谢佑才、周丹媛、孙继敏等为代表的历届系友和师生们。由于多种原因，馆藏展品未能一一标注出处，也未精准鉴定，不足之处敬请谅解和批评指正。